# WIE LANG IST DIE EXTRAMEILE?

CHARLIE KANT

# WIE LANG IST DIE EXTRAMEILE?

## EINE UNTERNEHMENSBERATERIN MISST NACH

**Mit Illustrationen von Jana Moskito**

SCHWARZKOPF & SCHWARZKOPF

# INHALT

**Kapitel 3**
**EIN KRITISCHERER BLICK**

## Kapitel 4
### WIE LANGE NOCH?

**Kapitel 5**
**DER AUSSTIEG AUS DER UNTERNEHMENSBERATUNG**

**APPENDIX**

*Alle Personen und Situationen sind frei
erfunden und alle Ähnlichkeiten mit existierenden
BeraterInnen und Firmen nur Zufall.*

# Von Gänsen, Strategiepapieren und Sichtschutzfiltern

Die »Extrameile« ist heutzutage in aller Munde, insbesondere in Unternehmensberatungen. Hier will sie jeder gehen, und jeder muss sie gehen, denn die Kunden erwarten, dass wir Berater es tun. Noch einen Schritt weitergehen, sich besonders anstrengen und über die Erwartungen hinaus performen – damit Berater all dies tun, hagelt es motivierende Sprüche seitens der Führungsriege: »There's no traffic jam on the extra mile« oder »Die Extrameile beginnt nach Mitternacht« sind Standardformulierungen in der Beratung. Und natürlich gehen Consultants die Extrameile auch gern, denn sie trennt sprichwörtlich die Spreu vom Weizen, den Low Performer vom High Performer. Und eine Beförderung bekommt schließlich nur, wer sich als High Performer auszeichnet.

Doch nicht nur die Extrameile wirft Fragen auf. Viele mögen denken: Wofür gibt es überhaupt Unternehmensberatungen? In den Medien hört man ab und zu von ihnen, an Flughäfen ist die Werbung für Beratungen nicht zu übersehen, ein Großteil der angehenden Wirtschaftswissenschaftler träumt davon, nach dem Studium in einer zu arbeiten, und viele Ex-Berater sitzen heute an den Schaltstellen von Wirtschaft und Politik. Doch wo ein Angebot, da auch eine Nachfrage: Viele der Dax-Konzerne und auch politische Institutionen haben sich bereits externe Beratung ins Haus geholt. Der Grund hierfür: Berater bringen oft externes Wissen mit, über das die eigene Belegschaft nicht verfügt. Oder wie Sigmar Gabriel es einst lapidar ausgedrückt hat: »Mit Gänsen können Sie schlecht über Weihnachten reden.«

Wenn wir Consultants dann für eine bestimmte Zeit, meist so zwischen drei und zwölf Monaten, an eine andere Firma (unsere

»Kunden«) verliehen werden, dann um für diese eben eine ganz bestimmte Aufgabe zu lösen. In der Regel umfassen Beratungen die Bereiche Management, IT, Personal, Wirtschaftsprüfung oder Steuerberatung. Wobei die Kollegen im Management-Bereich erfahrungsgemäß eher die sind, die bunte Socken und dick umrandete Brillen tragen und immer einen lockeren Spruch parat haben; die IT'ler hingegen tragen meist Karohemden und machen tendenziell schon gerne um 17:00 Uhr Feierabend.

Die Themen, die wir Berater bearbeiten, sind höchst unterschiedlich: Mal dreht es sich um Fusionen oder Übernahmen, Outsourcing, Umstrukturierungen oder Kostensenkungen, Einführung neuer Technologien, Methoden und Systeme oder sonstige Strategieentwicklungen. Die Ergebnisse, die wir produzieren, sind übrigens nicht immer Strategiepapiere, die die Kündigung der halben Belegschaft nahelegt. Sondern auch harmlosere Dinge wie Workshop-Konzepte, Prozessverbesserungsvorschläge oder Produktlösungen.

Doch egal worum es sich dreht, wir arbeiten stets unter Hochdruck, wenn es sein muss bis nach Mitternacht und auch am Wochenende, bloß um den Kunden zu beweisen, dass wir für sie die Extrameile gehen und ihr teures Geld wert sind. Dabei werden wir Berater je nach unseren Fähigkeiten auf Projekte gesetzt und lösen für die Kunden scheinbar »unlösbare Probleme«. Manchmal stellt sich allerdings erst hinterher heraus, dass die eigenen Mitarbeiter selbst sogar günstiger zu einer ebenso guten Lösung hätten kommen können. Aber um zu verhindern, dass wir Berater in so einem Fall allzu schnell auffliegen, haben wir noch zwei Geheimwaffen: unser makelloses Auftreten und unseren Beratersprech!

Auch auf mich färbte der Berater-Jargon ab, und er macht sich in diesem Buch immer wieder mal bemerkbar. Deshalb habe ich am Schluss auch ein Glossar mit den wichtigsten Begriffen angehängt.

Zum Ende dieses Vorworts und als Überleitung zu den »War Stories« in diesem Buch sei noch Folgendes gesagt: Unternehmensberaterin zu sein ist nicht immer so toll, wie behauptet wird. Denn ganz gleich wofür, sei es für Hobbys, Freunde, Familie oder gar für die Liebe, die Antwort auf so ziemlich alles lautet immer: »Keine Zeit!«

Ein Hobby entwickelte sich in meinem Leben dann allerdings doch: Im Jahr 2013, als ich das erste Mal einen Fuß in die Tür einer Unternehmensberatung setzte, begann ich mit dem Schreiben. Es war einfach das einzige Hobby, das sich mit meinem Job verbinden ließ. Ob im Flugzeug, im Zug oder im Office – dank des Sichtschutzfilters vor dem Laptop-Bildschirm konnte ich immer und überall schreiben und so mit den grotesken und skurrilen Erlebnissen aus dem Berateralltag fertigwerden. Im Übrigen bin ich über den Umweg eines Psychologiestudiums zur Consulting-Branche gekommen, und zur Not half mir dieser Hintergrund als Psychologin, die Neurosen von Kunden und Kollegen zu verarbeiten. Dabei weiß natürlich jeder Unternehmensberater: »Schwierige« Kunden gibt es nicht, und Kollegen haben lediglich »Development Areas«.

## Hommage an meinen Beraterjob

Es ist, als ob's erst gestern war:
Mach ich Beratung – aber klar!
Ich merkt' sofort in der Company:
So glücklich wie hier war ich noch nie.
Endlich kann ich mich wichtig fühlen,
denn sie mahlen schnell, die Businessmühlen.
Meine Comfort Zone ist die Extrameile,
und meine Lernkurve? Ist 'ne steile!
ASAP, EOB, on time and Client-ready
– give me your best, but fast and steady!
Um mich rum nur kluge Köpfe,
nie Low Hanging Fruits, gottgleiche Geschöpfe!
Zusammen pullen wir nachts dann All-nighter,
work hard, play hard – ich will doch nichts weiter!
Von Montag bis Freitag bin ich auf Reisen,
doch wen stört's, geh ich auf Firmenkosten speisen!
'Ne eigne Wohnung brauch ich nicht,
das Projektappartment erfüllt seine Pflicht!
Nenn mich Jägerin der Bonus- und Vielfliegermeilen,
Lufthansa schreibt mir zum Geburtstag tausend Zeilen!
Der Zustand Burn-out ist keine Option,
bevor das passiert, spring ich vom Balkon!
Doch bis dahin gibt es noch viel zu tun,
High Performer wollen schließlich nie ruh'n!

## KAPITEL 1

# DER EINSTIEG IN DIE UNTERNEHMENS-BERATUNG

## Fremde Gefilde

Vor etwa fünf Jahren erzählte ich meiner Familie, dass ich im Rahmen meiner Jobsuche meine Bewerbung auch an Unternehmensberatungen schicken würde. Wenn man auf den gängigen Jobbörsen im Internet nach einer Stelle sucht, kann man sich den Anzeigen der Beratungshäuser irgendwann einfach nicht mehr entziehen. Das ist wie mit den McDonald's-Restaurants: Sie sind omnipräsent, und man kommt nicht an ihnen vorbei, insbesondere wenn man verzweifelt genug ist und lange nach etwas anderem gesucht hat.

Diese Erklärung zog bei meiner Familie allerdings nicht. Meine Mutter fragte mich gleich, ob ich enterbt werden möchte, denn ich sei gerade auf dem besten Wege dorthin. Mein Onkel schickte mir eine Postkarte mit einem Hamster im Hamsterrad darauf, auf der Innenseite der Karte stand bloß: »Das Hamsterrad sieht von innen aus wie eine Karriereleiter!« Meine Tante merkte lakonisch an: »Die Seelenfänger waren also erfolgreich.«

Meine Familie könnte locker ein kleines Dorf bewohnen, so viele Mitglieder zählt sie: Ich habe insgesamt 11 Tanten und Onkel und an die 30 Cousinen und Cousins mit wiederum jeweils eigenen Kindern. Und trotzdem hat in meiner Familie niemand so etwas wie Betriebs- oder Volkswirtschaftslehre studiert oder je in einem DAX-Konzern geschweige denn in einer Beratung gearbeitet. Stattdessen bewegen sich alle im Bildungs- oder Gesundheitswesen oder sind Künstler.

Es lag also auf der Hand, dass aus dieser Ferne zum Wirtschaftskontext heraus Berührungsängste und Gedankenschablonen entstanden waren und aufrechterhalten wurden. Aber diese galt es für mich jetzt fallenzulassen. Ich wollte das Gute im vermeintlich Bösen erkennen. Ich wollte mir mein eigenes Bild machen. »Das Bild ist doch klar vorhanden!« – Meine Mutter hatte Unternehmensberatungen schon längst als »glorifizierte Leiharbeitsfirmen«

abgetan, »die ihre Kunden dahingehend beraten, wie sie ihre Mitarbeiter noch besser ausnutzen oder am besten gleich entlassen können, um noch mehr Profit zu machen.«

Doch aus der Beamten-Hängematte heraus lässt es sich gut polemisieren, über die Wirtschaft herziehen und sich zu sozialen Wächtern aufspielen, dachte ich nur. Aber ich stand mit dem Rücken zur Wand. Meine Familie hatte klar geäußert, was sie davon hielt, dass ich mich in die gegnerischen Gefilde vorwagte.

Dann war es so weit: Am Tag meines Bewerbungsgesprächs bei einer Unternehmensberatung schlüpfte ich in mein Businessoutfit – und fühlte mich großartig. Ich liebte die Vorstellung, jeden Tag ein Kostüm zu tragen. Viel besser als Birkenstock-Sandalen, einen weißen Kittel, oder ein Holzfällerhemd mit Farbklecksen drauf. Meine Mutter hingegen beäugte mich kritisch und besorgt. Ich fühlte mich wieder wie mit 15, als sie meine Kreolen-Ohrringe und die »Fat-Maker« in den Skater-Schuhen mit Kopfschütteln und spitzem Mund abstrafte. Aber mir war das erst einmal egal, denn jetzt hieß es: Auf zu neuen Ufern!

## Flügge werden

Junge Menschen, die ihr Abitur gemacht haben und daraufhin die Schulbank verlassen, kommen sich oft vor wie ein Vogel, der flügge wird. Der Alltag verliert an Struktur, wichtige Ankerpunkte fallen weg: Es gibt keine Hausaufgaben, Klausuren und Schulnoten mehr, die gleichaltrigen Mitschüler gehen ihre eigenen (anderen) Wege, und Eltern und Lehrer stehen nicht mehr für ultimativ hilfreiche Tipps zur Verfügung. So traurig es retrospektiv auch klingen mag, diese Dinge haben dem Leben jahrelang einen Sinn gegeben. Und es war irgendwie auch bequem, den Kalender gefüllt und den Weg vorgezeichnet zu bekommen, ohne sich selbst wirklich um etwas kümmern zu müssen.

Wenn all das wegfällt, beginnt man also, auf eigenen Beinen zu stehen, selbstständig Entscheidungen zu treffen und sich seine »Laufbahn« selbst zu zeichnen. Für manchen jungen Menschen ist das eine Herausforderung, die mit positiven Gefühlen verbunden ist (»Yay! Endlich nicht mehr jeden Tag dasselbe erleben, jetzt entscheide ich!«). Für andere wiederum ist dieser plötzliche Entscheidungszwang eine Qual (»Oh nein! Was soll ich denn nun bloß tun?«). Letztere sehen ihr Leben plötzlich dem »Butterfly Effect« ausgeliefert: Jeder Weg hält eine jeweils komplett andere Zukunft für sie bereit. Woher sollen sie wissen, welche für sie die beste ist?!

Consultants erwecken oft den Eindruck, sie wüssten ganz genau, was zu tun ist und wo es langgeht. Doch wer einmal genau hinsieht, erkennt: Die JungberaterInnen von heute sind auch bloß die AbiturientInnen von gestern. Wer nicht weiß, wohin es gehen soll und Angst vor der Zukunft hat, der steige also in die Beratung ein! Am besten noch eben das obligatorische BWL-Studium dazwischengeschoben, und schon steht der »steilen Karriere« nichts mehr im Wege. Und die Prozesse und Regeln in der Unternehmensberatung sind beinahe dieselben wie in der Schule: Man wird mit Gleichaltrigen eingeschult, nur heißt es statt »Klasse 1c« nun »Grade C1: Junior Consultant«. Die geliebte Alltagsstruktur gibt nun der Outlook-Kalender vor. Papier und Stift werden ersetzt durch Laptop und Excel Sheet – die Digital Natives sollen sich wie zu Hause fühlen! Schulstunden heißen fortan Meetings und Calls, und die Hausaufgaben und Klausuren werden Deliverables und Milestones genannt. Klingt doch gleich viel besser! Schulnoten werden durch Mid-und End-Year Reviews ersetzt, Versetzungen werden zu Beförderungen. Klassenfahrten finden ab sofort auf einer Jacht oder im Fünf-Sterne-Skiresort in Kitzbühel statt. Und zu Hause ausziehen muss auch niemand, denn unter der Woche lebt es sich auf Firmenkosten ausgezeichnet im Fünf-Sterne-Hotel, und am Wochenende bekocht einen dann wieder die Mami. Sogar die Dualität, zwei »Herren« zu dienen, währt fort: Aus Lehrer werden Kunden, aus Eltern wird der Arbeitgeber. Bleibt also alles beim Alten. Niemand muss hier flügge werden!

## Gut aussehen im Bewerbungsprozess

Meine Bewerbung bei der Unternehmensberatung verlief erfolgreich. Nach Wochen des Vorbereitens und Übens von Online-Intelligenztests, der Fallstudienbearbeitung und infolgedessen schlaflosen Nächten hatte ich es geschafft! Ich hatte das von vielen anderen MitbewerberInnen hart umkämpfte und heiß begehrte Stellenangebot in der Tasche.

Selbstverständlich machte es mich stolz, als eine unter Hunderten eingeladen und ausgewählt worden zu sein. Ich war dem Ziel, mich als High Performer unter Beweis stellen zu können, ein beachtliches Stück näher gekommen. Und zwar ohne jede Frauenquote oder sonstige Bevorteilungen, die von außen als positiv diskriminierend hätten wahrgenommen werden können. Ich hatte es einzig und allein auf Basis meiner analytischen und strukturierten Vorgehensweise sowie meines Teamgeists und meiner Leadership-Qualitäten geschafft. Oder etwa nicht?!

Nun saß ich also mit den anderen New Joinerinnen in einem großen Raum, in dem alle vier Wände aus Glas waren, und wartete auf den CEO, also den Geschäftsführer, und unser Einführungsgespräch mit ihm. Zuvor hatte man uns erklärt, dass dieser Raum »Aquarium« genannt werde, weil man sich darin sitzend ein wenig wie ein Fisch im Zierbecken vorkommt. Und es stimmte! Durch die neugierigen Blicke der männlichen Kollegen fühlte ich mich wie ein Guppy mit einer besonders großen Schwanzflosse und schön schillernden Schuppen. Ein Kollege brachte uns schließlich Pralinés, um die Wartezeit zu verkürzen. »Wann wohl das Fischfutter durch die Decke auf uns herab rieselt?!«, fragte ich mich.

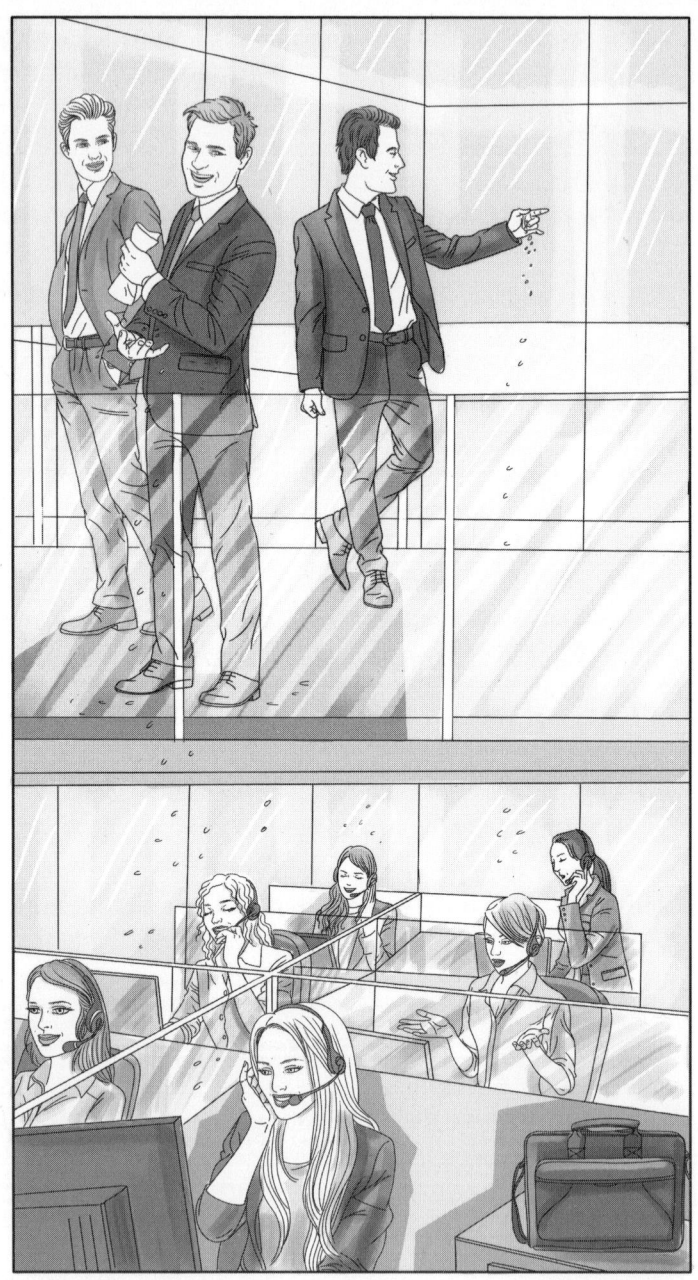

Apropos neugierige Blicke der männlichen Kollegen: »Wenn ihr jetzt am Anfang keinen Partner habt, werdet ihr auch am Ende, wenn ihr hier rausgeht, keinen haben«, sollte es gleich in der Einstiegswoche heißen. Der Satz sollte wohl einschüchtern, in die Schranken weisen oder bewusst machen, wie hart hier gearbeitet wurde. Dabei konnte ich mir gar nicht vorstellen, hier lange Single zu bleiben. Denn wohin ich auch schaute, blickte ich in Gesichter junger und gut aussehender Leute, vorrangig Männer.

In den 30 Minuten, die die anderen New Joinerinnen und ich also auf den CEO warteten, tauschten wir uns über unsere Erfahrungen mit dem Bewerbungsprozess aus. Der Prozess schien standardisiert zu sein: Wir alle waren zu einem zweistündigen Telefon-Interview inklusive Case Study und Brain Teaser eingeladen worden. Bei diesen Case Studies wurden praxisnahe Fallstudien aus der Industrie verwendet, aus denen man in kürzester Zeit die wichtigsten Informationen und Zahlen extrahieren und richtig kombiniert vortragen soll. Der sogenannte Brain Teaser war ebenfalls herausfordernd, jedoch nicht so invasiv, wie es klingt. Wir waren hierbei lediglich auf »Schnelligkeit und analytisches Vorgehen« getestet worden, also keine Elektroschocks, wie meine Mutter befürchtet hatte. Beides sind Standardinstrumente der Personalauswahl in der Unternehmensberatung und sollen bei BewerberInnen Stress erzeugen und sie an ihre eigenen Grenzen treiben, um die »wahre Persönlichkeit« herauszukitzeln.

Eine der New Joinerinnen erzählte dann, dass die beiden Interviewrunden mit ihr per Telefon und Skype durchgeführt worden waren, da sie sich zu der Zeit noch in Singapur im Auslandsstudium befunden hatte. Am Ende des zweiten Gesprächs habe sie gefragt, ob man sie auch noch zu einem persönlichen Face-to-Face-Gespräch einladen werde. Warum das nötig sein solle, hatte der Interviewer daruuf zu ihr gesagt. »Wir haben dich ja jetzt hier bei Skype gesehen. Und solange du bei deinem Einstieg noch durch unsere Tür passt, ist doch alles in bester Ordnung!« Solche charmanten Aussagen erhöhen die Vorfreude.

Ich erinnerte mich an mein Auswahlgespräch. Zum Schluss, als es nur noch um das nette Ausklingen gegangen war, hatte der Interviewer spitzfindig angemerkt: »Viele Frauen in der Beratungsbranche tragen hohe Schuhe. Wieso trägst du keine? Würde dir bestimmt gut stehen.« Ich hatte meinen schlagfertigen Tag und meinem zukünftigen Kollegen, der selbst nicht gerade groß war, entgegnet: »Weil ich sonst größer wäre als du, und das mögen Männer doch nicht.«

Nach ein paar weiteren Erfahrungsberichten beschlich mich das Gefühl, dass das Erscheinungsbild der KandidatInnen bei der Auswahl mindestens genauso wichtig wie deren Kompetenzen ist. Der »Halo-Effekt« lässt grüßen! Diesen kenne ich noch aus meinem Psychologiestudium: Ein attraktives und gepflegtes Äußeres erhöht die Chancen, von Mitmenschen für kompetent und erfolgreich gehalten zu werden. Kleider machen eben doch Leute. Zumindest in der Beratung. Und wenn ich ganz ehrlich bin: Wenn ich mir jemals einen Zierfisch für mein Aquarium kaufen sollte, dann interessieren mich Flossenform und -farbe auch mehr als Schnelligkeit und strategisch kluges Schwimmverhalten.

## Wer geht die Extrameile?

Ich fand Fragen nach dem »Warum« schon immer interessant. Wieso leben wir Menschen nicht in der Luft oder unter Wasser? Weshalb mag ich keine Schokolade, kein Lakritz und keinen schwarzen Tee? Warum heben Hündinnen beim Pinkeln seltener ihr Bein als Rüden? Generell beschäftigen mich die merkwürdigsten Dinge: Welche Lehne im Kino gehört mir? Was für ein

Tier ist Kassler? Wieso leuchten Sonnenuntergänge rot? Alles mehr oder weniger relevante Fragen, die ich mir mehr oder weniger häufig stelle. So auch diejenige, die mir zum allerersten Mal an meinem ersten Arbeitstag in den Kopf kam: »Wieso entscheiden sich Menschen dafür, bei einer Unternehmensberatung zu arbeiten?«

Welchen Typ Mensch zieht die Beratung an? Allgemeinplätze wie »ehrgeizige, leistungsorientierte und karrierebewusste Menschen« wären nur ein Teil der Wahrheit. Irgendwoher muss der Antrieb ja schließlich kommen, damit man freiwillig und täglich im Hamsterrad seine Runden dreht. Mein persönliches Motiv war: Ich wollte ein gutes Einstiegsgehalt, eine steile Lernkurve, Abwechslung und nicht zuletzt wollte ich … mir selbst beweisen, dass ich »smart« genug für den Job eines Consultants bin. Außerdem betreiben Unternehmensberatungen ausgezeichnetes Impression Management, indem sie sich auf allen Internet-Foren für Berufseinsteiger tummeln, Elite-Werbung bei Studienstiftungen und Förderprogrammen betreiben und kostspielige Events für StudentInnen veranstalten. Sie schwingen ihre Recruiting-Angeln sehr geschickt und werfen dicke Köder aus. Um im Anglerjargon zu bleiben, könnte man sagen, die Unternehmensberatungen holen die Blinker und Spinner heraus, um damit die Hechte aus dem Karpfenteich zu fischen! Denn sie wissen: Um die Over-Achiever anzulocken, würden Fischfetzen und Kunstfliegen als Köder nicht ausreichen. Doch wenn die Over-Achiever dann in das Haifischbecken überführt werden, hält man sie auf Fischfutter-Niveau. Denn die eigentlich großen Fische – die Haie – sind: die Kunden. Von den Consultants wird bloß erwartet, die Extrameile bis nach Mitternacht zu gehen, nicht aufzumucken und die Kunden zufriedenzustellen.

Doch genug der Fischanalogien. Vor einigen Jahren machten Beratungen damit Schlagzeile, dass sie für ihre Consultants intern

den Begriff »Insecure Over-Achiever« verwenden. Diese »unsicheren Über-Erreicher« sind fester Bestandteil des Geschäftsprinzips erfolgreicher Unternehmensberatungen. Ihr Profil? Insecure Over-Achiever nehmen jede Aufgabe an und führen sie »on time and Client-ready« aus. Sie lieben Struktur und klare Karrierepfade, halten sich jedoch zugleich ihre Wege offen, um das Gefühl zu behalten, etwas »Besseres« warte jederzeit auf sie. Insecure Over-Achiever sind wie gemacht für den kontinuierlichen Druck und das herausfordernde Umfeld, das in der Consultingbranche herrscht, da sie gerne Tag und Nacht sowie an den Wochenenden zur Verfügung stehen, denn sie lechzen nach der Anerkennung von Vorgesetzten, Kollegen und Kunden. Und der springende Punkt ist: Sie haben selbst dann noch Angst, nicht den Erwartungen entsprechend zu delivern. Weil sie wie Süchtige auf der Suche nach ihrem eigenen Wert sind.

Ein Ex-Berater, der acht Jahre lang bei einer der Top-Unternehmensberatungen gearbeitet hatte, erklärte mir seine Theorie: Seiner Meinung nach seien es insbesondere junge Leute aus der »Arbeiterklasse«, die es in die Beratung zieht. Er erklärte, dass die unsicheren Über-Erreicher unter zu wenig Anerkennung von ihren Eltern und der Gesellschaft im Allgemeinen litten. Und dass sie deshalb ein Leben lang danach strebten, dieses Loch zu füllen. Ähnlich der permanenten Unrast und dem Hunger des ehemaligen Tellerwäschers, der auch dann unstillbar bleibe, wenn er inzwischen in teuren Restaurants speist.

Doch was nützt es zu psychologisieren? Die Fische beißen weiterhin an und stören sich nur geringfügig daran, wenn sie herausfinden, dass sie ausgenutzt werden. Denn für sie fühlt es sich nicht danach an. In ihren Augen schwimmen sie, die Hechte, neben den Haien dem warmen Golfstrom entgegen. Und »insecure« hin oder her – besser, als ein »bequemer Under-Performer« zu sein und mit den Karpfen zu schwimmen, ist es allemal!

## Aus dem Leben einer Lebenslaufhure

»Als Kind wollte ich Meeresbiologin werden. Als ich groß war, wusste ich: Damit machst du kein Geld. Intrinsische Motivation hin oder her, das Leben ist eben kein Ponyhof. Und ich bin sicher: Irgendwann wird es sich auszahlen, dass ich diesen Job hier mache. Dann werde ich allen und vor allem mir selbst zeigen, was wirklich in mir steckt. Dann werde ich den Job endlich an den Nagel hängen.«

Dies ist nicht etwa der Klappentext einer autobiografischen Sozialschmonzette eines Freudenmädchens, sondern ein Auszug aus dem Tagebuch einer Lebenslaufhure. Also einer Person, die weiß, wie sie ihren CV zu füllen hat, um später beruflichen Erfolg zu haben. Es ist ein Auszug aus meinem Tagebuch. Der Eintrag entstand, etwa einen Monat nachdem ich mich – wie viele andere High Potentials auch – an die Unternehmensberatung verkauft hatte.

Doch wurden wir nicht schon längst viele Jahre zuvor verkauft? Die Eltern eines Freundes hatten sich bei dessen Geburt für den Namen Alexander entschieden – wegen der Karriere, damit er später einmal seine Laufbahn in allen Ländern dieser Welt einschlagen könne, ohne Probleme mit seinem Namen zu haben. So vorausschauend waren meine Eltern bei meiner Namenswahl leider nicht, als sich meine Mutter emanzipatorisch durchsetzte und mir den gender-neutralen Vornamen Charlie und ihren eigenen Nachnamen Kant verpasste. Im Deutschen mag er recht »kantig« klingen und Assoziationen mit dem bekannten Philosophen wecken. Englische Geschäftspartner jedoch erröten ob der phonetischen Nähe zum vulgären Wort »Cunt«. Deshalb nennen sie mich stattdessen lieber »Charlie Hunt« …

Spätestens nach dem Abitur zeigt sich, wer das Zeug zur wahren Lebenslaufhure hat. In Deutschland entfliehen viele dem »didaktischen Kommunismus«, da dieser durch angebliche Gleichmacherei keine überdurchschnittlich qualifizierten Personen mehr schaffe. Stattdessen gehen sie auf Privatunis und lassen sich dort zur Elite ausbilden und verfallen dem Bulimie-Lernen: Alles wird in kürzester Zeit auswendig gelernt und pünktlich zum Klausurtag wieder ausgekotzt. Soziales Engagement, Auslands- und Praxiserfahrung dürfen außerdem im Lebenslauf nicht fehlen. Kurzerhand werden die Besuche bei der Oma im Altersheim zum Ehrenamt erklärt, der Ferienjob bei VW am Band zur praktischen Arbeitserfahrung uminterpretiert und das Erasmus-Partyjahr in Barcelona zum Auslandssemester euphemisiert. Wer Glück hat, dem erkennt die Heimat-Uni die Kurse an der Auslandshochschule doppelt an und verleiht den Double Master. Wie wär's noch mit einem Triple Master?

Der Lackmustest einer jeden Lebenslaufhure ist jedoch der Bewerbungsprozess um die heiß begehrte Stelle als Consultant in einer Unternehmensberatung. Ist der CV hübsch frisiert? Sind genug Fleißbienchen gesammelt? Erfüllt man die harten Auswahlkriterien? Vertrackt! Denn wichtig wäre schon auch, dass nicht irgendwo zwischen CV-Seite 1 und CV-Seite 5 der Lebenssinn verloren geht. Und wenn doch? Keine Panik! Einfach auf dem vorgezeichneten Weg weitergehen! Wird sich schon irgendwann auszahlen! Und wenn nicht? Rettet Richard Gere etwa weltweit jede »Pretty Woman«?

## So wirst du zur High-Performer-Elite

Wolltest du auch schon immer zur »Leistungselite« gehören? Spürst du, dass du zu Höherem bestimmt bist? Dann befolge die nachstehenden Tipps und Tricks, um dich endlich unter Gleichgesinnte zu begeben und in elitäre Kreise aufzusteigen. Zugleich erhöhst du damit deine Chance auf einen Einstieg in die Unternehmensberatung, und dein Traumjob »Consultant« rückt in greifbare Nähe.

Die Ankreuzfelder ermöglichen es dir zu identifizieren, welche Bereiche du bereits erfüllst und in welchen du noch nachlegen solltest.

### Als SchülerIn:

☐ Schleime dich bei LehrerInnen ein und sammle gute Noten (z.B. habe immer ein Extrastück Kreide dabei, just in case).

☐ Beginne früh mit einem Ehrenamt (z.B. frage deine kleine Schwester, ob sie dein Ehrenamt werden möchte).

☐ Überzeuge deine Eltern davon, dir ein Abitur an einer Privatschule in Deutschland (z.B. Schloss Salem, unweit des Bodensees) oder im Ausland (z.B. King William's College auf der Isle of Man) zu bezahlen.

☐ Wenn das finanziell nicht drin ist, belege zumindest einen Ferien-Englischkurs an einer Uni wie Oxford oder Cambridge.

☐ Nimm an einer Wettbewerbsveranstaltung wie *Jugend forscht*, *– musiziert*, *– macht Sport* teil.

☐ Stelle dein Vokabular um und setze ab sofort vermehrt Wörter wie »redundant«, »skalierbar« oder »pareto-effizient« ein.

☐ Kleider machen Leute. Wähle deine Kleidung gezielt und einem High Performer gebührend aus: Burberry, Ralph Lauren und Hugo Boss anstatt Mango, Zara und Topshop.

☐ Wähle deine Hobbys bewusst: Geige, Rudern oder Hockey ist okay. Kickboxen, Fußball oder Hip-Hop-Tanzen dafür eher nicht.

☐ Wenn du in Bayern geboren wurdest, bewirb dich auf ein gefördertes Studium am Maximilianeum.

☐ Wenn du nicht genommen wirst, erzähle allen, dass du die Prüfung zwar bestanden habest, aber das Stipendium aus moralischen Gründen nicht annehmen wolltest.

☐ Für SchülerInnen aus allen anderen, »Low Hanging Fruit«-Bundesländern besteht kein Grund zur Sorge, denn: Es gibt noch die die EBS oder die WHU.

### Als StudentIn:

☐ Bringe deinen Lebenslauf auf Vordermann und quantifiziere deine Leistungen. Gib zum Beispiel als Hobby an: »Reisen (fünf Kontinente besucht)«.

☐ Wenn es bloß für ein Studium an einer staatlichen Uni gereicht hat, bewirb dich zumindest für eine »Summer School« an einer renommierten Uni.

☐ Lege mindestens ein Auslandssemester in Yale, Columbia oder Harvard ein.

☐ Bewirb dich auf ein Stipendium bei den einschlägigen Stiftungen.

☐ Beginne, parallel zum Studium mindestens ein Start-up zu gründen (wenn es in die Hose geht, macht das nichts – Hauptsache, es steht »Gründer eines Start-ups« in deinem Lebenslauf).

☐ Mache so viele Praktika bei renommierten und verschiedenen Institutionen wie möglich (z.B. Amnesty International, Rocket Internet, Unilever, Porsche).

☐ Besuche Networking-Events potenzieller zukünftiger Arbeitgeber.

☐ Besuche Kamingespräche mit Politikern und anderen wichtigen Persönlichkeiten. Auch jene, bei denen lediglich der Bio-Ethanol-Kamin brennt.

☐ Führe dein soziales Engagement fort, zur Not biete deine Hilfe beim Organisieren von Erasmus-Partys an (wenn du Glück hast, fällt dabei noch ein »Quick Win« für dich ab).

☐ Wenn dich jemand auf dein soziales Engagement anspricht und fragt, wieso du es verrichtest, antworte, du wollest »Verantwortung übernehmen und der Gesellschaft etwas zurückgeben«.

- [ ] Wähle aus einem der folgenden Hobbys: Segeln, Golfen, Tennis oder Schach.
- [ ] Mache einen MBA an einer anerkannten Uni. Das gilt insbesondere, wenn du keine Lust auf einen PhD hast.
- [ ] Wohne in kosmopolitischen Metropolen wie Berlin, New York, London, Zürich oder auch München. Vermeide politisch sowie wirtschaftlich unbedeutende Kleinstädte wie Tübingen, Braunschweig, Wuppertal, Bremen oder Zwickau.

### Als BerufseinsteigerIn / Professional:

- [ ] Lasse nur Arbeitgeber mit einem »Bam!«-Effekt für dich infrage kommen und gehe auf keinen Fall zu einem No-Name-Arbeitgeber, es sei denn du bist der/die CEO und MitgründerIn.
- [ ] Wenn dich Leute auf deine steile Laufbahn ansprechen und nach deinem Lebensmotto fragen, antworte: »Be larger than life.«
- [ ] Werde Mitglied exklusiver Foren und privater Clubs, z.B. Soho House, Schwarzekarte, aSmallWorld, etc.
- [ ] Suche dir einen Partner auf oder über Augenhöhe, der/die dein gesellschaftliches Ansehen im Idealfall noch aufbessert. Geeignete Fundorte hierfür sind: Privatclubs, Stipendienakademien oder das Fast-Track-Programm deines Arbeitgebers.
- [ ] Verkünde an deinem 30. Geburtstag, dass du ab sofort in deinem Leben noch mehr »Verantwortung« als zuvor übernehmen wirst (was auch immer das heißen mag – zeuge zum Beispiel ein Kind mit einer Disko-Bekanntschaft).
- [ ] Gib der Gesellschaft etwas zurück (und zwar nicht nur deine Pfandflaschen).

- [ ] Mache Urlaub an entlegenen Orten und beweise Entdecker-geist. Oder reise immer an dieselben Orte, um Netzwerk-Kontakte zu pflegen: Sylt, St. Moritz, Kitzbühel. Poste deine Reiseziele immer bei Facebook.
- [ ] Mache regelmäßig bei Marathons mit und sammle dabei am besten noch Spenden für eine gemeinnützige Organisation.
- [ ] Nimm auch am Tough Mudder oder Iron Man teil, um Coolness zu beweisen.
- [ ] Hinterlasse »Footsteps« (und zwar nicht nur im Wüstensand beim Burning Man).
- [ ] Gehe bedingungslos die Extrameile, egal ob du krank bist, mal keine Lust hast oder es keiner von dir erwartet.

## Ein Diamant wird geschliffen

Der Einstieg als Berater ist kein Zuckerschlecken: Feedback ohne Pause bis zu dem Punkt, an dem man sich fragt, ob der eigene Gang und die Stimmlage denn wohl auch genehm sind. Doch nicht nur die eigene Selbstdarstellung wird seziert und inspiziert, sondern auch die Arbeitsweise und Art, wie man an Dinge herangeht, wird temporär auf den Kopf gestellt. Jedes Deliverable wird bewertet, zerrissen und zur Überarbeitung zurückgegeben. Man lernt, nach Wichtigkeit und Bedeutung für den Kunden zu priorisieren, anstatt nach logischer Reihenfolge oder eigenem Gusto. Man wird daraufhin trainiert, unnötige oder wenig Mehrwert bereitende Arbeitsschritte zu unterlassen, um die Deadlines einzuhalten. Man erstellt eine PowerPoint-Präsentation nach der anderen und sitzt spät nachts noch daran, Boxen und Linien auf der Folie umherzuschieben und linksbündig auszurichten. Man hasst seinen Chef in dem Moment, wenn einem die Computermaus weggenommen wird und man ab sofort lernen soll, Excel allein mit der Tatstur bedienen zu können. Man wird mit der Zeit zwangsläufig stressrobuster und lernt, den Gegenwind vom Kunden und von Vorgesetzten mit lockerer Miene entgegenzunehmen.

In dem Moment selbst macht diese Lernkurve wenig Spaß. Man meckert unter Kollegen, beschwert sich nachts auf dem Nachhauseweg bei Muttern, quatscht den Freunden ein drittes Ohr an, um seinem Frust Luft zu machen. Doch spätestens wenn man die neue Kohorte an New Joinern erlebt und mitbekommt, wie ahnungslos und ungeschliffen sie sind, wie sie mit ihren Ecken und Kanten beim Kunden negativ auffallen, werden einem der eigene, rasante Lernzuwachs und die Vorteile dessen schnell bewusst. Stolz ist man natürlich auch und freut sich über bewundernde Blicke und Kommentare von Leuten, wenn diese sehen, wie schnell man über die Laptop-Tastatur gleitet und sämtliche Shortcuts aus dem Effeff beherrscht. Doch im Gegensatz zu einem Diamanten, der irgendwann seinen »letzten Schliff« erhält, bleibt die Lernkurve für den Unternehmensberater eine steile. »Lebenslanges Lernen« ist im Beruf eines Consultants inbegriffen.

## Verstehen Sie Beratersprech?

»Um die Lessons Learnt gescheit zu leveragen, sollten wir sie in unsere Key Deliverables embedden. Damit highlighten wir der Audience gegenüber unser Commitment, das Big Picture zu impacten.« Nichts verstanden? Willkommen beim Einmaleins des Beratersprechs. Die Regeln sind ganz einfach: deutsches Wort – englisches Wort – deutsches Wort – englisches Wort – usw. Zwischendurch dann doch mal wieder drei deutsche Begriffe aufeinander folgen lassen, damit noch erkennbar ist, welche Sprache hier eigentlich (hauptsächlich) gesprochen wird.

Doch lupenreiner Beratersprech unterscheidet sich noch einmal vom alltäglichen Denglisch. Nämlich dadurch, dass Fachbegriffe aus der Betriebswirtschaftslehre (Audience) und rhetorische Figuren aus dem Amerikanischen (Big Picture) untergemischt werden. Für die Berufsgruppe der Consultants und deren spezifische Terminologie gibt es sogar eigene Websites, die den Beratersprech erklären und Vokabellisten anbieten. Der bayerische YouTube-Comedian Harry G hat sogar bereits ein Video gedreht, in dem er den Beratersprech persifliert. Doch über das Video konnte ich schon gar nicht mehr lachen, obwohl es eigentlich sehr witzig ist. Es ist einfach zu realitätsgetreu! Was für andere Menschen wie leere Bullshit-Worthülsen oder unnötig-angeberische Anglizismen klingen mag, war für mich sprachlicher Alltag. Und weil Berater ständig um die Welt jetten, ist es doch irgendwie auch klar, dass man dann das ein oder andere englische Wort mit nach Hause bringt. Ich habe auch noch nirgends einen Hinweis gesehen, dass der Import fremdsprachlicher Begriffe aus dem Ausland untersagt ist.

Wenn ich mich mit meiner Freundin, die auch Unternehmensberaterin ist, unterhielt, fühlten wir uns beide sprachlich zu Hause. Wir konnten dann ohne schlechtes Gewissen mit Anglizismen um uns werfen, unseren Jargon pflegen und, wenn's gut lief, noch voneinander lernen. Mutual Knowledge Transfer! Vor allem aber genossen wir es, uns in unserem Beratersprech nicht einschränken zu müssen. Mit dem Kunden sollten wir nämlich hauptsächlich in allgemein verständlicher Sprache kommunizieren, um nicht durch die Verwendung unbekannter Begriffe eine Barriere entstehen zu lassen. Das ist ähnlich wie bei Ärzten. Die werden schließlich auch dazu angehalten, sich auf das Sprachniveau des Patienten zu begeben, um alles verständlich zu erklären.

Und ich kann das nur gutheißen! Neulich war ich beim Zahnarzt, eigentlich kam ich nur zum Routine-Check, aber daraus wurde dann ein einstündiger Besuch inklusive Bohrung am Backenzahn. Ich weiß bis heute nicht genau, was der Zahnarzt mit »16: Insuffiziente Fissurenversiegelung mit visibler Initialkaries«

meinte und weshalb gebohrt werden musste. Aber der Arzt versicherte mir zum Schluss: »Ende gut, alles gut!« Da wollte ich mich jetzt auch nicht outen und nachfragen, ob es denn auch das Ende für meinen Backenzahn war oder bloß das Ende dieser Behandlung. Stattdessen entgegnete ich: »Ausgezeichnet!«, und cancelte beim Verlassen der Praxis einfach den nächsten Termin.

Eine Beraterkollegin trieb den Beratersprech allerdings auf die Spitze, indem sie in wirklich jeden Satz eine Beratervokabel einbaute. Bevorzugt ans Ende des Satzes und auch, wenn es überhaupt nicht nötig war, da es dafür genauso gut ein deutsches Wort gab. Zum Beispiel so: »Was ist deine Opinion?«, »Das ist ja echt funny!« oder »Ich werde dich nachher noch mal callen!« An manchen Tagen kann ich also die allgemein gegenwärtige Abneigung gegen Beratersprech durchaus nachvollziehen …

Deshalb gab ich mir im Umgang mit meinen Kunden immer besonders große Mühe, Anglizismen und unklare Beschreibungen zu unterlassen. Einmal schrieb ich an den Personalchef des Kundenkonzerns, für den ich zu der Zeit tätig war, eine beratersprechfreie E-Mail, in der ich ihm riet, »einen besonderen Fokus darauf zu legen, die Mitarbeiter entsprechend ihrer vorhandenen Fähigkeiten einzusetzen, sodass personelle Engpässe besser aufgefangen werden können. Der zu erwartende positive Nebeneffekt davon wäre, die Mitarbeiter mittel- bis langfristig an das Unternehmen zu binden.« Darauf antwortete der Personalchef, dass er vielmehr dafür sei, die »Ressourcen noch mal zu challengen, da es nicht sein kann, dass sie zu tight kalkuliert wurden. Außerdem muss das Commitment mancher Low Hanging Fruits hinterfragt und eine Exit-Strategie in Erwägung gezogen werden.«

Dem wusste selbst ich, zumindest sprachlich, nichts mehr hinzuzufügen. Dieser Kunde hatte den Beratersprech verstanden!

## Offene Feedbackkultur

Ein wesentlicher Grund, weshalb ich mich dazu entschieden hatte, meine ersten Berufserfahrungen in einer Unternehmensberatung zu sammeln, war die offene Feedbackkultur. Feedback ist schließlich wichtig, damit man den Schritt vom High Potential zum High Performer schafft und so die nächste Sprosse der steilen Karriereleiter erklimmt.

Ich erinnere mich noch genau an mein erstes Feedbackgespräch. Es lief ab, wie man es sich wünscht: unangekündigt und am Telefon. Was sich anhörte wie die ärztliche Diagnose einer schlimmen Krankheit, bei der das Frontalhirn langsam anfängt zu verfaulen, war tatsächlich das motivierend gemeinte Feedback meiner Kollegin: »Hirnfaul« sei ich. Herzlichen Dank für das konstruktive Feedback! Auf Nachfrage hin erklärte mir die freundliche Kollegin dann doch, was sie damit auszudrücken versucht hatte. Nämlich dass ich weniger Fragen stellen und einfach das tun solle, wofür eine Beraterin bezahlt wird: kluge Antworten parat haben. Und so stellte ich ab sofort keine Fragen mehr.

Das nächste Feedback ließ nicht allzu lange auf sich warten und gehört zu den Klassikern im Bullshit-Bingo der Feedback-Kunst. »Du musst an deiner Visibility arbeiten.« Die Visibility, oder auch die Auffälligkeit eines Consultants, ist wichtig, um den Kunden für sich einzunehmen und ihm positiv in Erinnerung zu bleiben. Und wie geht man mit diesem Hinweis um? Es hilft leider rein gar nichts, die Feedback gebende Kollegin darauf hinzuweisen, dass »der Kunde dann eben besser hinsehen soll«. Stattdessen nahm ich mir ein Beispiel an der Tierwelt und ahmte das Prinzip der Signalwirkung nach: Am nächsten Tag hatte ich eine rote Bluse an. Ich dachte mir, was das Handicap des Pfaus ist (sein auffälliges Gefieder am Schwanz), ist die rote Bluse für die Beraterin. Dies wurde sogleich positiv vom Kunden vermerkt. »Mutige Bluse, Charlie. Gefällt mir!«

Self-Promotion 2.0 successfully accomplished. Manches Feedback ist eben doch hilfreich.

Und was ist die Quintessenz aus diesen beiden Feedbacks? Visibility bringt in der Beratung mehr als Hirn-Ability. Und das war: Feedback an mich selbst.

## Verhaltenskodex

In manchen Kulturkreisen gehört es sich, so lange zu essen, bis auch der Letzte am Tisch aufgegessen hat. Alle anderen, selbst diejenigen, die schon satt sind, müssen dann munter weitermampfen. Wer clever ist, nagt stundenlang an nur einer Scheibe Brot oder lutscht etwa das Salatblatt bis zum Chlorophyll durch. Wer weniger clever ist, endet meist als Michelin-Männchen.

Das mit den kulturellen Eigenheiten bei Tisch ist eine prima Analogie für berufsgruppenspezifischen Verhaltenskodex. Bei uns in der Beratung gehört es sich auch nicht, aufzustehen und nach Hause zu gehen, bevor nicht der Letzte seine Excel-Berechnungen beendet hat. Einmal hatte ein Kollege gewagt, um Mitternacht – ohne sich abzumelden – die Biege zu machen. Um Mitternacht! Da fängt die Extrameile doch gerade erst an! Seine Begründung am nächsten Tag, warum er gestern einfach so gegangen war: Er sei mit allem fertig gewesen. Er erhielt natürlich sofort einen Rüffel.

Aber wehe dem Berater, der dann doch mal spontan um 18 Uhr nach Hause gehen darf. Weil alle anderen schon aufgegessen haben sozusagen. Dann steht der Berater nämlich ratlos da. Völlig überrascht von der massiven Freizeitwelle, die ihm brutal ins Gesicht schlägt. Er entscheidet sich dann dafür, etwas Sinnvolles zu tun und sich kulturell fortzubilden. Zum Beispiel Libanesisch zu kochen. Oder mal wieder ein Buch zu lesen. Oder an einem Tanzkurs teilzunehmen. Doch der entspannte Umgang mit Freizeit fällt nicht jedem (Berater) leicht. Die In-

doktrination mit einem allgegenwärtigen Effizienz-Gedanken nimmt dann ungeahnte Ausmaße an: Vor dem Zubereiten libanesischen Essens wird ein Prozessschaubild angefertigt. Während des Buchlesens wird die Stoppuhr benutzt, um hinterher die durchschnittliche Lesegeschwindigkeit zu berechnen. Und nach dem Tanzkurs fragt man sich, ob der Return on Investment auch wirklich sichtbar wurde.

Besser ist es also, lieber gar nicht erst früh Feierabend zu machen. Einem Berater geht es nämlich besser, wenn er sich seine Reserven für die Arbeit aufspart. Und es gibt schließlich immer etwas zu tun.

## Auf Projekt, wo andere Urlaub machen und die Kühe noch auf der Weide stehen

Als Berater kommt man viel rum. New York, London, Paris – wer würde nicht gern eine Zeit lang in diesen Metropolen leben? Und weil der Markt an diesen Orten besonders umkämpft und die Kundschaft besonders anspruchsvoll ist, werden wir Unternehmensberater achtsam ausgewählt. Unser Ausdrucksvermögen muss tadellos, unsere Kommunikation klar und deutlich sein. Schließlich wollen wir uns vor unseren Kunden nicht blamieren oder gar mit einem unverständlichen Dialekt anecken.

Doch umgekehrt werden unsere Kunden nicht nach ihrem Ausdrucksvermögen ausgewählt. Und in der Realität fand ich mich als Unternehmensberaterin auch nicht immer an glamourösen Orten wieder. In der Tat ist es wahrscheinlicher, sich in Sindelfingen, Görlitz oder Herzogenaurach wiederzufinden als in einer der Top-Metropolen. Oder in Pfronten – hier war ich für eines meiner ersten Projekte stationiert. Man mag sich fragen: Wo liegt bloß Pfronten? Gehört das noch zu Deutschland? Ich war mir nie sicher. Denn erst brachte mich ein Taxi zum Flughafen, dann nahm ich den Flieger nach Memmingen, und von dort wurde ich mit dem Taxi nach Pfronten verfrachtet. Es liegt im Allgäu, also mitten im Nirgendwo, dort, wo die Langeweile einen Ort zum Leben gefunden hat … Dort, wo die Kühe noch auf der Weide stehen. Dort, wo andere Urlaub machen. Und auch dort, wo ich kein Wort von dem verstand, was die Leute von sich gaben.

In den Meetings folgte ich deshalb drei Strategien:
1. Ich redete ohne Unterlass.
2. Ich stellte ausschließlich geschlossene Fragen.
3. Ich nahm das Meeting mit meinem iPhone auf, um hinterher unbekannte Wörter in mein Glossar »Deutsch-Pfrontisch« zu übertragen …

Doch all diese Strategien halfen mir nur bedingt weiter. An diesem Tiefpunkt der Verzweiflung in Pfronten führte ich meine Hände zum zweiten Mal in meinem Leben zu einem Gebet zusammen. Das erste Mal war damals mit 11, als ich unbedingt ein Pferd haben wollte. Mein Gebet muss ungefähr so geklungen haben: »Lieber Gott, ich weiß, ich habe mich noch nie bei dir gemeldet. Aber ich habe gehört, du nimmst das den Leuten auch nicht so übel. Und jetzt wollte ich dich fragen, ob du mir dabei helfen kannst, ein Pferd zu bekommen? Wenn das klappt, bete ich von jetzt an auch jeden Tag, versprochen. Amen.«

Das mit dem Pferd hatte damals leider nicht geklappt. Dafür, so hoffte ich, würde ich bei meinem zweiten Versuch erhört werden: »Lieber Gott, sorry für die Radio Silence und das Delay in meiner Response. Ich wollte mich gerne erkundigen, ob du mich auf ein anderes Projekt staffen kannst. Eines, das nicht in Pfronten ist. Ich bin dann auch ab sofort hundert Prozent committed, promised. Amen.« Doch auch dieses Gebet ignorierte der Herr nonchalant und ließ mich weiter in Pfronten schmoren.

Wenn wir in unserem Leben unzufrieden sind und die Dinge nicht ändern können, bietet sich eine kognitive Umstrukturierung an. Das habe ich im Kurs »Kognitive Verhaltenstherapie« in meinem Psychologiestudium gelernt.

Ich versuchte deshalb von Anfang an, die Vorteile an Pfronten zu sehen:

Der Dialekt bietet mir eine tolle Herausforderung und erweitert mein Skill Set. Die Umgebung Pfrontens ist mit ihren 13 Ortsteilen mitten im Allgäuer Alpenvorland einfach wundervoll zum Wandern. Außerdem hat Pfronten aufgrund seiner bioklimatischen Vorzüge die Auszeichnung »Luftkurort« erhalten. Ich kann zum Wochenende gleich dortbleiben und die gute Luft genießen. Die Menschen in Pfronten sind viel herzlicher als in den Großstädten. Das herbeigesehnte Pferd ist gleich in mehrfacher Ausführung vorhanden. Und falls ich dann immer noch nicht zufrieden bin: Kirchen zum Beten gibt es ebenfalls genug.

## Berater-Wunschliste

Obwohl uns Consultants nachgesagt wird, gerne in Saus und Braus zu leben … den einen oder anderen, ganz bodenständigen Wunsch haben wir doch:

- Einen Koffer mit vier Rollen, der nicht wegrollt, sobald man ihn loslässt.
- Mehr Kofferablageflächen in Zügen, damit man nicht alle 20 Minuten ins Nachbarabteil rüberlaufen muss, um zu prüfen, ob der Koffer noch da ist.
- Eine Funktion in PowerPoint zum Nachverfolgen von Änderungen, um im Versionierungs-Chaos durchzublicken, das bei jeder Angebotserstellung am Vorabend der Abgabe-Deadline aufkommt.
- Ein zentrales Trainingssystem für alle Kundenunternehmen, damit man das Health-and-Safety-Pflichttraining nicht jedes Mal wieder neu machen muss, sobald ein neues Projekt beginnt.

- Beim Kunden mehr Office Space, der nicht Teil des Druckerraums ist oder im Keller liegt.
- Höhenverstellbare Schreibtische, egal wohin man kommt.
- Laptops ohne Ladekabel.
- Saubere Schreibtische beim Kunden.
- Bereitstellungspflicht von Keksen in jedem Hotelzimmer.
- Jemand, der regelmäßig die Reisekostenabrechnung für einen macht. Zur Not der kleine Bruder.
- Einen Crash-Kurs in Dialekten zu Beginn der Karriere, um auch die Leute in Pfronten und Görlitz verstehen zu können.
- Salonfähigkeit von Windeln am Arbeitsplatz, damit unnötige Toilettengänge entfallen, wenn mal wieder dringende Deadlines anstehen.

## Berater durch und durch

Woran erkennt man einen Consultant? Sichere Erkennungszeichen sind: ein dezenter Marken-Anzug, ein teures Rollköfferchen, ein design-unauffälliger Laptop, dazu die passende Laptoptasche und natürlich das iPhone in der Hand (über das per Bluetooth mit In-Ear-Headset telefoniert und zugleich wild darauf herumgetippt wird).

Wenn man lucky ist und einen Blick auf den Inhalt des wertvollsten Besitzes eines Beraters, also den Rollkoffer, erhascht, wird einem zudem auffallen: Er/sie hat immer Schmerztabletten in jedweder Form, ein Näh-Set, Schuhcreme und Mundspray dabei. Diese essenziellen Beraterutensilien sind ein sicheres Erkennungsmerkmal, oder anders gesagt: Diese Gegenstände bilden die verlängerte Identität eines Unternehmensberaters.

Doch wie fühlt man sich eigentlich, wenn man so durch und durch aus seinem Beruf besteht und nur für diesen lebt? Wenn sowohl die Laptoptasche als auch der Koffer von der Firma gestellt werden. Wenn man das Firmenhandy (natürlich das neueste iPhone) sowie den ultra-leichten Laptop auch privat nutzt. Wenn beides mit dem Logo-Aufkleber des Arbeitgebers versehen ist. Wenn man beginnt, das Hotel versehentlich sein »Zuhause« zu nennen. Wenn sogar das Fahrrad und das Auto über die Firma geleast sind. Wenn man die Abende unter der Woche nur noch mit den Projektkollegen im Hotel oder in einer Bar verbringt. Wenn dazu noch die Wochenendplanung garantiert mindestens ein Treffen mit einem Kollegen und ein Date mit dem New Joiner der letzten Kohorte umfasst. Wenn auch der Urlaub mit Kollegen verbracht wird – weil man sich schließlich so gut auf dem letzten Projekt verstanden hat. Und wenn die nächsten WG-Mitbewohner auch schon feststehen: allesamt Beraterkollegen!

Viele Consultants genießen es, sich mit ihrer Firma zu identifizieren. Doch es passiert schnell, dass der Beruf zum Hauptinhalt des eigenen Lebens wird. Um dieser Übermacht meines Arbeitgebers etwas entgegenzusetzen, hatte ich beschlossen, mehr daran zu arbeiten herauszufinden, was mein »wahres Ich« war. Und wer ich, Charlie Kant, abgesehen von meinem Job als Unternehmensberaterin eigentlich war. Zum Glück hatte ich passend zu diesem Vorhaben ein »Identitäts-Seminar« ausmachen können – ich hatte es online im Trainingskatalog für Learning & Development meiner Firma gefunden.

## KAPITEL 2

# DAS EINLEBEN

## Was macht man als
## Unternehmensberaterin eigentlich?

Wer Unternehmensberater wird, ist höchst wahrscheinlich ziemlich gut darin, eine Antwort auf wirklich jede Frage zu finden, die dem Kunden einfallen könnte. Und für den unwahrscheinlichen Fall, dass man doch mal nicht sofort eine Antwort parat hat, gibt es ja noch das große Expertennetzwerk innerhalb der Beratungsfirma. Ein einziger Post bei Yammer, Stream oder wie die Plattformen nicht alle heißen, und die Frage ist beantwortet, die Information übermittelt.

Doch was, wenn die Frage nicht ein konkretes Arbeitsthema betrifft und auch nicht vom versierten Kunden kommt, sondern von deiner Großmutter? Und wenn diese dich ganz allgemein fragt, was du »als Beraterin eigentlich jeden Tag so« machst?

Meiner Oma habe ich versucht, meinen Job in der Beratung näherzubringen, indem ich sagte, ich arbeite hauptsächlich am Laptop und erstelle Unterlagen für den Kunden. Daraufhin hakte sie noch ungläubiger nach: »Und dafür zahlen euch die Kunden SO viel?« Ich hatte zuvor den Fehler begangen, ihr eine konkrete Summe eines unserer Großprojekte zu nennen. Meine Oma brauchte einen Moment, um den Betrag in D-Mark umzurechnen. Dann fasste sie sich an die Stirn und ließ sich seufzend in ihren Ohrensessel fallen.

»Na ja, das sind eben besonders komplexe Unterlagen, die wir für unsere Kunden produzieren«, erklärte ich. »Die enthalten so Dinge wie eine Due Diligence, eine SWOT-Analyse, eine T-Map oder sogar einen ganzen Business Case!«

Beim nächsten Familienfest hörte ich meine Oma dann zu meiner Cousine, der Polizistin, sagen: »Du machst ja wenigstens richtig Karriere. Nicht so wie die Charlie …! Was die eigentlich genau macht, habe ich immer noch nicht verstanden.« Und konnte ich bei einer Feier einmal nicht dabei sein, hieß es: »Die ist mal wieder auf Montage unterwegs!« Doch nicht nur im betagten Familienumfeld, sondern auch unter Gleichaltrigen stieß ich hinsichtlich meines Berufs auf Unverständnis. Im Urlaub versuchte ich meinem Surflehrer auf sein Nachfragen hin zu erklären, dass ich normalerweise mit PowerPoint und Excel komplexe Inhalte für den Kunden nachvollziehbar aufbereite. »Das kann dann schon mal Stunden dauern, und ich sitze selbst um Mitternacht noch da …« Seine Antwort ließ mich überdenken, wie ich meinen Job zukünftig beschreiben sollte. »Uff, das klingt langweilig«, sagte er, »komm, lass uns lieber surfen gehen!«

Als ich das Dilemma, den eigenen Job der Familie und Bekannten verständlich und darüber hinaus auch noch schmackhaft zu machen, beim nächsten Berater-Stammtisch ansprach, erhielt ich viel Zustimmung.

Ein befreundeter Berater berichtete von seiner Mutter. Wenn er am Wochenende zu Besuch komme, sei das Erste, was seine Mutter ihm nahelegt: »Kind, nun such dir doch mal was Richtiges!« Dabei vergesse sie jedes Mal, wo er eigentlich genau arbeitet und in welchem Beratungshaus er seine Praktika absolviert hat: Aus Kienbaum wird McKinsey. Aus KPMG wird Capgemini. Und Bain & Company wird zu BCG. Ist ja auch alles dasselbe … zumindest in den Augen mancher Außenstehender.

Nach diesen Erfahrungen habe ich die Beschreibung meines Jobs nun etwas fein-adjustiert … und als mich dann eines Tages mein Cousin, der kurz vor seinem Abitur stand, anrief und fragte, was ich jeden Tag bei der Arbeit so tat, beschrieb ich: »Wir fliegen viel mit dem Flugzeug von A nach B, fahren dann im Audi oder BMW zum Kunden, und arbeiten dort – Anzug tragend – an verschiedenen Strategiepapieren. Und abends lassen wir es uns im Spa-Bereich unseres Fünf-Sterne-Hotels gut gehen.«

Und wer hätte gedacht, dass ausgerechnet mein 17-jähriger Cousin verstand, wie cool mein Job eigentlich war: »Das ist ja wie in

der Serie *Suits*! Ich will auch mal Unternehmensberater werden!«
Selbstverständlich nahm ich ihn gleich in unser firmeninternes
Talent-Netzwerk auf.

## Berater-Bore-out

Wenn man sich dazu entscheidet, UnternehmensberaterIn zu
werden, ist man sich der Gefahr bewusst, ein Burn-out zu erleiden. Man hört ja ständig von überarbeiteten Managern, die zu
viel Gas gegeben haben. Ein Bore-out kommt einem hingegen
viel unwahrscheinlicher oder gar unmöglich vor. Schließlich ist
man jung, leistungsfähig und willig, die Extrameile zu gehen. Und
die Beratung ist doch dafür bekannt, High Performern zu geben,
was sie brauchen … oder? Für mein neues Projekt flog ich pro
Woche ein paar Meilen, jedoch waren das bestimmt keine Extrameilen: Ich traf den Kunden an einem Tag pro Woche für einen
Drei-Stunden-Workshop und beschäftigte mich die jeweils anderen vier Arbeitstage mit der Vor- und Nachbereitung dieses Workshops. Das ist die offizielle Version. Denn so gewissenhaft ich die
Workshops auch vorbereitete, blieb doch immer eine Menge freie
Zeit übrig. Diese widmete ich zunächst vergnügt meinen privaten
Angelegenheiten wie dem Einkaufen von nötigen und unnötigen
Dingen auf Amazon, meiner Wochenendplanung oder anderen
To-dos, die eben so anfallen. Doch spätestens wenn das komplette
nächste Halbjahr durchgeplant ist und alle Wochenendreservie-
rungen feststehen, merkt man, dass man zu viel Zeit hat, um über
seine Freizeit nachzudenken! Selbst meine Freunde begannen sich
zu wundern und fragten, ob mein *online*-Status bei WhatsApp
defekt sei, da ich immer dann online war, wenn sie es waren.

In dieser Zeit wurde ich zum Profi im Überspielen von Unter-
beschäftigung am Arbeitsplatz – ein extra starrer Blick, der
aussagt: »Ich konzentriere mich, nicht stören!«, ein schwarzer

Privacy-Screen vor dem Laptop-Bildschirm, der ungewollte Blicke abschirmt, und leere Termin-Platzhalter im Outlook-Kalender, die einen busy aussehen lassen.

Nach dem Ende dieses Projekts war ich anschließend erst einmal für unbestimmte Zeit »on the beach« – nur leider ohne Palmen oder Kokosnüsse. Ich befand mich vielmehr auf der »Beraterbank«: Wie beim Fußballspiel saß ich auf der Ersatzbank und wartete darauf, dass eines der vielen Projekte in der Pipeline oder eine der vielen »Opportunities« in meine Hände fielen. Als mir jedoch nur mein eigener Kopf in die Hände fiel und ich eines Tages von einem Kollegen bei der Arbeit geweckt wurde, wusste ich: Es ist an der Zeit, sich bei einem anderen Unternehmen zu bewerben.

Ich wechselte zu einer größeren Unternehmensberatung mit verlässlicher Auftragslage und mit viel interner Arbeit, für den Fall, dass mal keine Kundenarbeit anstand. Meine Erwartungen waren wieder da, wo sie anfangs waren: sehr hoch und konkret. Ich erwartete spannende Projekte in verschiedenen Sektoren und großen Städten, ein Team mit erfahrenen und kompetenten KollegInnen, und nicht zuletzt erhoffte ich mir eine steile Lernkurve. Als ich meine KollegInnen kennenlernte, alle smart, jung und gut aussehend, dachte ich nur: »Yeah, lasst uns das Ding rocken!« Ich war scharf darauf, was zu reißen und viel zu leisten. Und mein erstes Projekt stand bevor, mit einer Rolle, wie ich sie mir gewünscht hatte: Change Consultant mit Verantwortung über internationale Strategie-Workshops.

Die nächsten Wochen sollte ich mich auf dem Boden der Tatsachen wiederfinden. Oder vielmehr: Auf dem Boden beim Kunden – Brownpaper anmalend, Flipcharts vorbereitend, und Post-its aufklebend. Erneut bereitete ich einen Kunden-Workshop nach dem anderen vor und konnte nach kurzer Zeit Dokumentations-Präsentationen im Schlaf produzieren. Mein Gehirn stand vor der kognitiven Herausforderung, einen Dauer-Standby-Modus aufrechtzuerhalten, ohne dabei Gehirnzellen einzubüßen.

Ernsthafte Sorgen machte ich mir, nachdem ich drei Nächte nacheinander davon geträumt hatte, mein Zimmer mit Brownpaper zu tapezieren.

Von meinem Kollegen Stefan, der mit mir zusammen angefangen hatte, wusste ich, dass er eine Rolle im PMO-Team (Project Management Office) beim Kunden zugewiesen bekommen hatte. Das hieß konkret: Er saß in einem Meeting nach dem anderen, notierte den Status für die Deliverables des Projektes in den Ampelfarben Rot-Gelb-Grün, schrieb Risiken und ergriffene Maßnahmen auf, dokumentierte die Outcomes und verschickte Updates sowie Meeting-Einladungen in die Runde. Tagein, tagaus. Um mich mit ihm auszutauschen und zu hören, wie er mit der Aufgabenunterforderung klarkam, rief ich ihn in der Mittagspause an. Ich fragte nach, was sein Eindruck der ersten zwei Monaten sei und ob die Begriffe »PMO« und »Workshop« für ihn mittlerweile auch bereits zu Bore-out-Signalwörtern geworden seien. »Ach, weißte Charlie, ob der Value Add nun gleich visibel ist oder einem erst später klar wird … Vom Learning her habe ich in jedem Fall einiges mitgenommen. Der Fit ist zwar noch nicht hundertprozentig da, aber ich bin echt fine damit. Denn es stimmt die Relationship mit dem Stakeholder, und das ist doch, was zählt! Wir müssen die Challenge halt annehmen, wie sie kommt. Und sorry, aber ich muss jetzt noch ein paar Slides scribbeln, die Präsi muss heute noch EOB raus. Weißte ja: quick und easy. Was ist jetzt auf deiner Agenda? Lunch?« – »Ach, Stefan, weißte doch: Lunch is for Losers. Ich mache mich jetzt an meine Preparation für den Strategie-Workshop. Ein paar Insights leveragen, und Best Practices müssen auch noch eingebaut werden. Natürlich angepasst an die Target Audience – you know what I mean.«

Nachdem ich aufgelegt hatte, googelte ich das Blablameter und ermittelte den Bullshit-Index dieser Konversation. Es gab ja sonst nichts zu tun!

## Der Elevatorpitch

Mein erster großer Pitch stand bevor. So nennen wir Berater es, wenn wir zur Präsentation unserer Idee beim Kunden vorstellig werden, mit all unseren Materialien und besten Leuten im Gepäck, und den »Sales Mode answitchen«. Meist dauern Pitches nur etwa eine Stunde, und wir wissen: Wir haben bloß diese eine Chance, und wenn wir die vermasseln, bekommt eine andere Beratung das Projekt. Und das Folgeprojekt. Und wahrscheinlich auch noch das danach. Und wir haben einige Millionen verloren. Mein Beraterteam und ich standen also im Aufzug, auf dem Weg zum Meetingraum mit dem potenziellen Neukunden. Ein richtig großer Fisch, und wir alle hatten lange auf diesen Tag hingearbeitet. Viele schlaflose Nächte, Diskussionen über Inhalte und Probe-Pitches hatten wir bereits hinter uns.

Deshalb sprachen wir uns, im Aufzug stehend, noch einmal final ab und stellten sicher, dass alles sitzt und passt. Inklusive der Klamotten: Meine Kollegin zog ihre Flipflops aus und wechselte in ihre Schlangenleder-High-Heels. Ich schaute und hob die Augenbrauen. Sie zuckte mit den Schultern und sagte: »Sex sells!« Ich ließ meinen Blick hinüber zu unserem Sales Manager schweifen. Der schmierte sich gerade hoch konzentriert Gel ins Haar und fragte nach einem Kaugummi, gegen seine Fahne vom Vorabend. »Work hard, party hard!«, sagte er bloß trocken. Ich reichte ihm ein Kaugummi, meine Kollegin empfahl ihm: »Halt dich ans Wassertrinken und überlass das Reden mir, Michael. Bis zum Q&A-Teil!«

»Und ich?«, wollte ich wissen und fragte in die Runde, wie ich den Teil formulieren sollte, den wir nicht mehr geschafft hatten auszuarbeiten. »Da bullshittest du dir was zusammen. Kriegste hin, Charlie!«

Es machte »Ping«, und der Aufzug war angekommen. Wir schritten alle gemeinsam wie die Task Force zum Meetingraum des Kunden. Dann begann der Pitch. Man begrüßte sich höflich, Rollen und Verantwortlichkeiten der Anwesenden wurden erklärt, und man tauschte noch eben Business-Karten aus. Dann legte meine Kollegin los und präsentierte unsere Strategie für das Problem des Kunden. Sie sah super aus und stand souverän auf ihren Zehn-Zentimeter-Absatz-Schuhen. Der Sales Manager sah dafür weniger souverän aus: Er klammerte sich an sein Wasserglas und wischte sich eine Schweißperle von der Stirn. Ich legte mir meine Worte für den Bullshit-Teil zurecht. Kurz darauf war ich dran und brachte es gut über die Bühne. Der Kunde blieb die ganze Zeit lang überraschend ruhig und hielt sich fast beängstigend genau an die Agenda-Vorgabe, indem er mit seinen Fragen bis zum Q&A-Teil wartete. Unser Sales Manager eröffnete diesen Teil und wollte gerade loslegen, da unterbrach ihn der Kunde, indem er sagte: »Ich habe vorweg eine Frage: Hat der ›All-nighter‹ eigentlich an der Hotelbar stattgefunden?« Der Sales Manager lachte ein wenig zu laut, und seine gegelte Locke fiel ihm in die schweißverzerrte Stirn. Meine Kollegin wollte klärend einschreiten und machte einen Schritt nach vorn – »Sexy Schuhe! Sex sells, gell?«, sagte der Kunde. Daraufhin wollte ich einschreiten und öffnete meinen Mund, um vorzuschlagen, dass wir als Nächstes in den inhaltlichen Q&A-Teil gehen könnten. Der potenzielle Neukunde unterbrach auch mich und sagte: »Danke, Frau Kant, ich glaube, ich habe genug Bullshit gehört.«

Damit beendete er das Meeting, und wir packten etwas irritiert unsere Poster und Laptops ein und fuhren mit dem Aufzug wieder nach unten. Während der Fahrt fragte ich mich, wieso der Kunde uns so auflaufen ließ, und kam schnell auf die Antwort: Vorhin hatte noch ein Mann mit uns im Aufzug nach oben gestanden, der dem Kunden ziemlich ähnlich gesehen hatte … Jetzt machten auch seine Abschlusskommentare Sinn. Dieser Pitch war bereits im Elevator verloren.

## Skirutschen in Kitzbühel

Wer sich zur Beraterelite zählt, muss des Skifahrens mächtig sein! Schließlich will man seine Überlegenheit auf allen Ebenen unter Beweis stellen. Zur Belohnung für die harte Arbeit lud unser CEO mich und alle anderen hoch-performanten Kollegen also zum Wintermärchen in die Berge ein. Hier sollte dem hinteren Teil des Mottos »Work hard, party hard« gefrönt werden. In einer BMW 7er-Limousine fuhren wir dem Elite-Endziel Kitzbühel entgegen. Auf der Autobahn sausten an uns zahlreiche andere Kitzbühel-Besucher vorbei, Botoxbarbies auf dem Beifahrersitz inklusive. Bald darauf trafen wir Berater im Fünf-Sterne-Hotel ein, speisten gediegen und tauschten War Stories aus. Die »Elite der Elite« unter den Beratern ließ den Abend im Hot Tub der eigenen Luxus-Suite ausklingen …

Am nächsten Tag ging es dann auf die Piste. Ich hatte mich natürlich vorbereitet und ein »Dress to impress«-Outfit besorgt! Außerdem hatte ich mir Willy Bogners *Feuer und Eis* so oft reingezogen, dass ich die Streif wie meine Westentasche kannte. Zusammen mit mir in der Gondel waren meine KollegInnen und auch eine der klapperdürren Botoxbarbies, die ich gestern noch auf den Beifahrersitzen gesehen hatte. Die Barbie stieg bei der ersten Station aus, ich aber fuhr weiter und sagte selbstgefällig zu mir: »Ich werde heute meinen Namen auf die Überholspur der schwarzen Piste pinkeln!« Ich schaute raus: Der Schnee glitzerte. Ich war bereit.

Doch oben am Abhang stehend, in Bogner und Armani verpackt und mit besorgtem Blick auf die extrem steile Piste, gestand ich mir ein, dass es schwierig werden würde, die Kompetenzvermutung aufrechtzuerhalten. Genau so steil wie ich bisher die Karriereleiter hinaufgestiegen war, sah ich mich auch schon in den Abgrund stürzen! Vielleicht hätte es geholfen, wenn ich mir am Morgen Superlative gespritzt hätte anstatt Bircher-Müsli

zu essen, um auch im Skifahren einen Glanzauftritt hinzulegen. Stattdessen legte ich nur mich selbst hin, und zwar immer und immer wieder. Ich stellte mich so ungeschickt an, dass mir meine zwei Beine ausreichten, um mir eines davon selbst zu stellen. Denn zwar mag das Motto »All gear but no idea« in der Beratungsbranche gelten, leider jedoch entlarvt auch der Skiabhang ziemlich schnell, wessen Klamotte nur Fassade ist.

Endlich unten am Fuß des Hanges angelangt, rief ich gleich meine Mutter an. Sie hätte damals doch wissen müssen, dass die Elite von morgen Ski-Skills benötigt! Wieso sie mit mir nie nach Kitzbühel gefahren sei? Oder wenigstens in den Harz! Sie antwortete, das sei früher nur etwas für Beratertrupps und Botoxbarbies gewesen. Diese frühkindliche Bildungslücke hätte mich an diesem Tag beinahe den Arsch gekostet. Und ich nahm mir vor: Das nächste Mal, wenn ich nach Kitzbühel fahre, komme ich vorbereitet und spritze mir vorher Botox. Und zwar in den Po!

### Fiktiver Consultant-Dialog

Es ist 17 Uhr, Projektleiterin Simone kommt aus dem Meeting mit den Key Stakeholdern und brieft ihre Teammitglieder Kathi und Stefan bezüglich der Slides für den CEO.

Lauschen wir doch mal dem Beratersprech der drei Consultants …

| | |
|---|---|
| **Simone:** | Okay, Guys. Der Meyer will die Final Slides bis heute COP … Let's go, bevor das hier noch zum All-nighter wird! Kathi, was sagt Financial zu dem Draft? |
| **Kathi:** | Die sind fine damit, sagen, unsere Estimates liegen genau im Ballpark. |
| **Simone:** | Excellent. |

| | |
|---|---|
| **Stefan:** | Was ist denn nun unser Agreed Approach, um die Company vor dem Downfall zu saven? |
| **Simone:** | Steering hat sich für die Data Warehouse Solution entschieden. |
| **Stefan:** | Die Customised Solution war doch World Class. Steering sieht wohl nicht, dass Repeat Visits heute einfach die Hard Currency und Monetarisierungs-trigger sind! |
| **Simone:** | I know, Stefan. Aber der Approach wäre nicht main-tainable. Und Meyer hat bereits das Sign-off von den Execs. Aber könnte was für das Folgeprojekt sein. Jetzt brauchen wir erst einmal eine Turnkey Solution. |
| **Stefan:** | Understood. |
| **Simone:** | Der Fokus liegt jetzt darauf, Learnings anderer Cases zu integrieren. Wir sollten eine Recommendation mit reinnehmen, die Greenfield-Solution zu strei-chen. Das ist zurzeit kein Benchmark. |
| **Stefan:** | Agreed. Die Legacy-Systeme sind einfach nicht sustainable, zudem ist es keine Rocket Science. Ich schlage vor, wir leveragen stattdessen den Case mit der Data Warehouse Solution. |
| **Kathi:** | Dann sollten wir aber auch unser Lighthouse-Projekt inkludieren. Die Credentials zeigen tangible Out-comes und eine hohe Revenue. |
| **Simone:** | Spot on! Keine Solution in der Area hat bisher so empowered wie unsere. Und schließlich haben wir jetzt Traktion, also: keep the momentum! Da macht es Sinn, die eigene Brand zu leveragen. |
| **Stefan:** | Okay, kommt mit ins Slide Deck. |
| **Simone:** | Aber bitte nur die Vanilla Solution. Alles andere bringt kein Buy-in der Key Stakeholder. |
| **Kathi:** | Und wie wäre es noch mit ein paar High Level Slides, die den Prozess visualisieren? |

| | |
|---|---|
| **Simone:** | Nice one. Könntest du die Draft Slides bis EOB an Graphics nach Indien schicken? Und setz mich ins CC. |
| **Kathi:** | Sure. Was ist mit einem Deep Dive zu der Go-to-Market-Strategy? |
| **Simone:** | Wird zu anecdotal. Samplings und Drill-downs kommen nicht ins Executive Summary. |
| **Kathi:** | Wir müssen noch mal an die Quick Wins ran; ich finde die derzeit irgendwie noch zu fuzzy. |
| **Stefan:** | Kein Problem, ich enriche die noch. |
| **Simone:** | Bitte nicht zu viel Content. Wir müssen unbedingt durch den Clutter breaken. Und die Slide ist derzeit schon sehr wordy. Stefan, setz du mal 'nen internen Team Call heute Abend auf, um alle Views zu gathern und so das Alignment mit dem Big Picture sicherzustellen. |
| **Stefan:** | Fine. |
| **Simone:** | Aber zu dem Call bitte keine B-People einladen. Und 30 Minuten max, ich bin heute tight getaktet. |
| **Stefan:** | Understood. |

Die Übersetzung dieses fiktiven Dialogs von Beratersprech in reinstes Deutsch findest du übrigens im Anhang dieses Buches.

## Berater-Schönheitsschlaf

Als Jugendliche habe ich mir Fotos von Politikern in der Zeitung angesehen und mich gefragt, wie man es zu solch außerordentlichen Augenringen bringt. Ich überlegte mir dann, dass die Leute bestimmt von Natur aus so fette Säcke unter den Augen haben, und sie taten mir irgendwie leid. Doch mit 22 Jahren absolvierte ich das erste Praktikum bei einer Unternehmensberatung, also lange vor dem Alter, ab dem man offiziell Falten und Ringe unter den Augen haben darf. Und dann erst wurde mir klar, welch wichtige Rolle der Lifestyle und insbesondere Schlaf für das Aussehen spielt … Denn in dieser Zeit wachte ich oft schlafdepriviert und mit tiefen Augenringen auf, erschreckte mich selbst beim Blick in den Spiegel und wurde bald zur besten Kundin der Kosmetikfirmen MAC und NARS – deren Concealer deckten einfach am besten ab. Heute gebe ich zu: Ich beneide die Leute, die weniger Schlaf benötigen und trotzdem fit sind und gut aussehen.

Doch Aussehen alleine ist ja nicht alles. Wie viel Schlaf braucht man, um bei guter Laune zu bleiben? Wenn es nach mir ginge, würde das Gute-Laune-Barometer überhaupt erst bei acht Stunden anfangen, Schlaf als Schlaf zu zählen. Alles darunter fällt für mich unter Power-Nap. Und auch wenn die erfahrenen Weisen um mich herum, inklusive meiner Mutter, fortwährend behaupten, je älter man werde, desto weniger Schlaf brauche man – bei mir schien in den vergangenen Jahren der gegenteilige Effekt einzutreten: Je öfter ich von meinem Wecker zu unmenschlichen Zeiten aus dem Schlaf gerissen wurde – brutal und jedes Mal wieder im ersten Aufwachmoment völlig überraschend –, desto widerwilliger wurde ich, was das frühe Aufstehen betraf. Ich ertappte mich schon so manchen Morgen bei der Sündenbock-Suche: »Wieso noch mal stehe ich so früh auf und nicht erst in 15 oder gar in 30 Minuten?! Wer hat das Meeting eingestellt? Muss ich wirklich daran teilnehmen?«

Ich probierte daraufhin diverse Methoden aus, um mir einen Schlafrhythmus anzueignen, bei dem auch ich mit weniger Schlaf auskam: von autogenem Training vor dem Einschlafen bis hin zu Koffein-Pillen am Morgen. Doch nichts davon half. Irgendwann überlegte ich mir: Vielleicht sollte auch ich eine dieser Bio-Wecker-Schlaf-Apps ausprobieren, auf die unzählige meiner Berater-KollegInnen schworen. Eigentlich ging mir das Prinzip hinter dieser Art der Schlafoptimierung ja gehörig gegen den Strich. Denn angeblich analysiert diese Applikation, in welcher Schlafphase man sich gerade befindet, und versucht, einen nur dann aus dem Schlaf zu holen, wenn man gerade nicht in einer Tiefschlaf- oder Traumphase steckt. Man gibt dafür ein Fenster für seine Weck-Wunschzeit ein, legt das Handy unter sein Kopfkissen, und die App ermittelt dann den optimalen Weck-Zeitpunkt, zu dem sie einen aus dem Schlaf klingelt. Ich hielt das Ganze ja für Quatsch, denn was wäre zum Beispiel, wenn ich verdammt noch mal gerade meinen Traumprinzen küsse?! Woher will so eine App das bitte schön wissen?

Dieses ganze Bio-Wecker-Gedöns wäre jedoch wirklich nichts, wenn die Selbstoptimierung nicht auch noch grafisch veranschaulicht würde. Ich war mir sicher: Meine BeraterkollegInnen liebten die App vor allem deswegen, weil sie am Morgen die wunderschönsten Analysen fährt. Statt des Kaffees oder einer warmen Dusche kann man sich dann als Allererstes die Schlafanalysen ansehen. Bis zu zehn verschiedene Diagrammformen bietet die App an. Dabei geht es um Dinge wie:

1. die durchschnittliche Schlafdauer.
2. die Schlafqualität.
3. die durchschnittliche Einschlafzeit.
4. die Laune am Morgen (»Weckstimmung«)

Als ich das hörte, konnte ich mir eigentlich schon selbst beantworten, wie diese Grafiken bei mir aussehen würden:

1. die durchschnittliche Schlafdauer: 7,5 Stunden.
2. die Schlafqualität: beschissen, wenn unter 8 Stunden.
3. die Einschlafzeit: immer Punkt 11 Uhr abends.
4. die »Weckstimmung«: sehr grimmig, wenn unter 8 Stunden

Etwas tröstend war: Diejenigen meiner Kollegen, die es schafften, unter der Woche im Schnitt bloß fünf Stunden zu schlafen, holten den verpassten Schlaf dafür in ihrer eigenen Freizeit, am Wochenende, nach. Dann lagen die High Performer komatös im Bett, insgesamt 16 Stunden am Stück, und verschliefen ihr halbes Wochenende.

Da mir meine Freizeit dann doch zu wertvoll war, um sie zu verschlafen, und ich auf Dauer zu eitel wäre, täglich Concealer auftragen zu müssen, setzte ich lieber auf die simple Schlafformel: acht Stunden Schlaf und nicht weniger. Ist gut fürs Aussehen sowie für die Laune. Und beides ist bekanntlich außerordentlich wichtig für uns Consultants.

## Wer priorisieren kann, ist klar im Vorteil

Ich sage immer: Meine Produktivität steigt mit der getanen Arbeit. Denn am meisten Kraft kostet die Aktivierungsenergie, um sich von der Couch in den »Arbeitsmodus« zu begeben. Wenn das erst einmal geschafft ist, gleitet man von einem To-do zum nächsten, arbeitet seine Liste im Flow ab und operiert schon bald wie im Autopilot.

Das ist wie beim Joggen: Wenn man erst einmal den eigenen Schweinehund und den Punkt des größten Widerstands überwunden hat, dann läuft es sich wie von selbst! Die Beine tragen einen, ohne dass man darüber nachdenken muss.

Nur macht einem ja oft leider irgendwann der eigene Körper einen Strich durch die Rechnung: Es kommt der Wendepunkt, da setzen beim Joggen die Wadenkrämpfe ein oder der Kreislauf versagt. Analog dazu wird man bei der Büroarbeit irgendwann unproduktiv und sitzt wie gelähmt vor seinen To-dos. Sie schwirren einem dann wild im Kopf herum, bis einem bei dem Gedanken an den großen Aufgabenberg ganz schwindelig wird. Deshalb gilt die zweite Devise: Tu nicht alles, tu das Richtige!

Das A und O ist also zu priorisieren. Wer Meister im Priorisieren ist, weiß sofort, was wirklich wichtig ist und in welcher Reihenfolge es getan werden sollte. Ich nutze für mein Zeitmanagement beispielsweise die Methode nach Dwight D. Eisenhower: Ist etwas nur wichtig oder auch dringend? Kann ich es noch bis morgen oder sogar nächste Woche aufschieben oder sollte ich mich der Sache umgehend widmen?

Nehmen wir also einen beliebigen Abend unter der Woche, sagen wir Mittwoch. Es ist 19 Uhr, und auf meiner Liste stehen noch einige To-dos:

- Eine Kolumne schreiben
- Das Projektteam auf After-Work-Drinks treffen
- Ins Fitness-Center gehen
- Die Reisekostenabrechnung machen
- Flug für bevorstehenden Junggesellinnenabschied buchen
- Mit meiner Freundin telefonieren

Alles wichtige To-dos, jeweils mehr oder weniger dringend. Aber es wäre doch gelacht, wenn ich die nicht alle unter einen Hut bekäme!

Mit meiner Freundin telefoniere ich also auf dem Weg zu der Bar, wo ich mein Team auf ein paar Drinks treffe. Dort mache ich unbemerkt unter dem Tisch Dehnübungen und bei jedem Toilettengang ein paar Kniebeugen. Die Reisekostenabrechnung erledige ich vom Handy aus auf dem Rückweg von der Bar ins Hotel, den Flug buche ich abends, während ich auf meinem Bett Zähne putze.

Nur das Schreiben der Kolumne verschiebe ich auf den nächsten Morgen – bis dahin habe ich die Inhalte auch schon im Schlaf ausgearbeitet.

## Am Wochenende ist Life Admin angesagt

Ich habe schon immer gern Listen geschrieben. Es fing damit an, dass ich früher bei uns zu Hause für die Einkaufsliste zuständig war. Keiner bei uns konnte so gut die Einkaufsliste schreiben wie ich. Ich habe die benötigten Produkte nach Kategorien sortiert und sogar in der Reihenfolge aufgeschrieben, in der sie im Supermarkt zu finden waren. So standen Obst und Gemüse immer am

Anfang der Liste, und Zeitung und Kaugummi kamen stets zum Schluss.

Auch später zahlte sich das Talent, anständige Listen schreiben zu können, aus. Denn als Consultant beschränkte sich meine gesamte Freizeit auf die 48 Stunden, die mir am Wochenende blieben. Die gesamte Woche über hatte ich kein Privatleben und stellte mich darauf ein, einzig für die Arbeit zu leben.

Umso ernster nahm ich es, meine kostbare Zeit am Wochenende smart einzuteilen. Und ich war mir sicher: Niemand plant seine Wochenenden so effizient wie ich!

Wenn mich meine FreundInnen am Freitagnachmittag fragten, was ich am Wochenende vorhabe, antwortete ich ganz lässig: »Och, so dies und das. Freunde treffen und etwas Life Admin.« Das war neuerdings mein Lieblingswort, weil es so schön verschleierte, dass ich am Wochenende auch viele langweilige Dinge tat. Rund 80 Prozent der Leute wussten eh nicht, was mit Life Admin gemeint war, und hakten lieber nicht weiter nach. Alle anderen Deppen waren ähnliche Life-Admin-Opfer wie ich, also Berater, und nickten bloß verständnisvoll.

Die 80 Prozent dachten also, ich verbrachte ein ganz entspanntes Wochenende. Dabei waren meine Wochenenden mit To-dos gespickt, und alles war genau getaktet. Was nicht erledigt wurde, kam ins Backlog. Da war ich auch privat ganz »agile«. Doch ich versuchte um jeden Preis zu vermeiden, in Rückstand zu kommen. Sonst wäre nämlich Sonntagabend die Laune im Keller gewesen, wenn ich gewusst hätte, dass am nächsten Wochenende eine umso längere To-do-Liste auf mich wartet.

Ob ich eigentlich eine Zwangsstörung habe, fragte mich eine Freundin, als sie auf meinem Nachttisch meine Life-Admin-Liste fürs Wochenende entdeckte und laut vorlas:

»**Samstag:** Wohnung putzen (3 Std.), Kostüme zur Reinigung bringen (30 Min.), Geschenk für Muttertag besorgen (1,5 Std.), Bilderrahmen und Lampen im Baumarkt kaufen (2 Std.), ins Fitness-Center gehen (2 Std.), *Black Mirror* auf Netflix anschauen (1,5 Std.), mit der Kollegin in die Salsa Bar gehen (3 Std.)

**Sonntag:** Wäsche bügeln und dabei Nachrichten schauen (1,5 Std.), Freundinnen zum Brunch treffen (3 Std.), Online-Banking machen (1 Std.), Slides für Präsentation am Montag fertigstellen (3 Std.), auf private E-Mails antworten (2 Std.), WG-Inserat einstellen (40 Min.), Koffer für Montagmorgen packen (15 Min.), duschen (15 Min.)«

Eine OCD, Obsessive Compulsive Disorder, hatte ich nicht – auch wenn meine Freundin da anderer Meinung war.

Ich zeigte dieselbe Liste einer Kollegin, um sicherzugehen, dass ich mit meinen Wochenend-Listen noch in der Beraternorm lag. »Hast du ernsthaft ›duschen‹ auf deine Life-Admin-Liste gesetzt?!«, fragte meine Beraterkollegin entsetzt. »Das fasse ich auf meiner Liste längst unter ›Essentials‹ – zusammen mit Zähne putzen, Nägel lackieren und so. Bekommst doch sonst eine katatonische Schreibstarre, wenn du alle Activities einzeln itemisierst.«

Und so konnte ich im Managen meiner Life-Admin-Aufgaben sogar noch etwas dazulernen.

## Beraternomaden

Eine Umfrage in meinem Büro hatte ergeben, dass der durchschnittliche Berater häufiger seinen Wohnort wechselt als den eigenen Partner. Da ein Liebesleben jedoch ohnehin kaum vorhanden ist, mangelte es der Umfrage möglicherweise an Aussagekraft. Fakt ist jedoch, dass Consultants sehr häufig umziehen. Wobei schon der Gedanke, dass sie überhaupt Wohnungen brauchen, wie ein Widerspruch in sich erscheint. Denn der gemeine Berater weilt montags bis freitags auf Klientenkosten im Hotel und hält sich allein für die Wochenenden eine teure Wohnung in ir-

gendeinem hippen, gentrifizierten Stadtviertel irgendeiner Metropole mit günstiger Flughafensituation. Hier verbringt er dann im Schnitt doch wieder nur ein bis zwei Wochenenden pro Monat, denn die restlichen ist er verreist oder macht die Nächte in Clubs durch. Die Kosten-Nutzen-Relation scheint da nicht ganz zu Ende analysiert.

Für die Mitbewohner wiederum ist ein Consultant ein gern gesehener Mietsponsor. Er macht keinen Krach und auch nix dreckig. Allerdings kann es vorkommen, dass einen der eigene WG-Mitbewohner nicht erkennt, wenn man nach Wochen mal wieder reinschneit. Mir ist das einmal in meiner WG passiert: Einer meiner Mitbewohner hielt mich für die neueste Errungenschaft des anderen Mitbewohners, wir waren uns nachts nur flüchtig im Flur begegnet. In unserer WG-WhatsApp-Gruppe schrieb Mitbewohner A dann Mitbewohner B an: »Hey Junge, wen hast du denn dieses Mal am Start? Gourmet-Frau! Rollt gleich mit 'nem ganzen Koffer an oder was?!« Mitbewohner B schrieb daraufhin zurück »Wovon redest du? Ich bin dieses WE bei meiner Family. Kann es sein, dass Charlie mal wieder vorbeigeschaut hat?«

Um mir derartige WhatsApp-Konversationen sowie unnötige Mietkosten zu (er-)sparen, dachte ich schließlich darüber nach, auszuziehen. Und stattdessen in ein Auto zu ziehen. In meinem letzten Urlaub in den USA hatte ich das für ein paar Wochen getan: Anstatt im Hotel nächtigte ich einfach in einem Kleinbus auf Walmart-Parkplätzen. Das erlaubt die sonst nicht unbedingt für ihre humanitäre Haltung bekannte Supermarktkette nämlich allen Truckern und sonstigen Wahl- oder Zwangsnomaden. Mein gemieteter T5 war super geräumig und unschlagbar bequem. In der multikulturellen Umgebung fühlte ich mich außerdem wie in einem der begehrten Stadtviertel – aber noch ohne Gentrifizierung und Latte-macchiato-Läden. Abends schlenderte ich dann im Pyjama kurz rüber in den Walmart, kaufte mir mein Abendessen und putzte anschließend dort auch die Zähne. Bietet doch alles, was man braucht!

Allerdings erinnere ich mich auch, dass ich bald von einem Police Officer angesprochen und nach meinem Ausweis gefragt wurde. Er vermutete wohl, dass ich eine vom Gunstgewerbe sei. Letztlich, glaube ich, haben ihn dann aber vor allem die Zootier-Motive auf meinem Frottee-Schlafanzug vom Gegenteil überzeugt. Dann doch lieber für die neue Errungenschaft des Mitbewohners gehalten werden – Kosten-Nutzen hin oder her!

## Über Dienschtleistungen und Fringe Benefits

Ich habe kein Problem damit zuzugeben, dass ich gerne Dienstleistungen in Anspruch nehme. Damit könnte jetzt natürlich alles gemeint sein. Und wenn ich ein Mann wäre, sagen wir Politiker gehobenen Alters, dann könnte diese Aussage schnell als »schmuddelig« missverstanden werden. Würde Wolfgang Schäuble beispielsweise sagen, er mache gerne Gebrauch von »Dienschtleistungen«, würde natürlich jeder denken: Der alte Schmutzfink, dafür ist dem Schwaben das Geld dann doch wieder nicht zu schade! Dass der arme Mann aber bloß seinen Fahrdienst oder seine Fußpflege meint, glaubt dann wieder niemand.

In meinem Fall hingegen, dem einer jungen Karrierefrau in ihren späten Zwanzigern, denkt bei dem Wort »Dienstleistungen« doch jeder an Zalando-Online-Shopping-Exzesse! Oder an wöchentliche Friseur-Besuche, Permanent-Make-up-Behandlungen und Inanspruchnahme von Reinigungs- sowie Änderungsdiensten. Und man läge damit goldrichtig. Als Beraterin genoss ich es ganz einfach, nach einer anstrengenden Arbeitswoche die Gewissheit zu haben, diese strategisch wichtigen Aufgaben in meinem Leben in erfahrene Expertenhände zu geben! Schließlich ging es hier um meine Augenbrauen und meine Business-Kostüme. Da ließ ich es lieber nicht drauf ankommen und vertraute auf die Hilfe von Experten, die sich auf ebendiese Aufgaben spezialisiert hatten. Auch Berater benötigen eben manchmal Beratung!

Meine Freunde aus dem Psychologiestudium meinten indessen, dass mein Verhalten bloß eine »Sublimierung« sei. Also ein Abwehrmechanismus meines Ichs, um die eigentlichen Bedürfnisse, die durch meinen Job zu kurz kamen, in sozial anerkannte Verhaltensweisen umzulenken.

Dabei war es viel simpler: Ich hatte überhaupt nicht die benötigten Geräte und Techniken parat! Und vor allem auch gar keine Zeit, um diese Dinge selbst zu erledigen. Das galt für die aufwendige Reinigung meines Hugo-Boss-Anzugs aus 100 Prozent Schurwolle sowie für ein simples Loch im Strumpf. Nur durfte ich Letzteres auf keinen Fall meiner Mutter erzählen. Die hätte mir was gehustet, wenn sie gewusst hätte, dass ihre Tochter ein Loch im Strumpf nicht selbst stopft.

Ähnlich durfte ich niemandem den wahren Grund dafür nennen, weshalb ich immer noch als Unternehmensberaterin arbeitete. Dabei war Aufrichtigkeit bereits seit Längerem in. New Sincerity und so … Dafür gebe ich heute allerdings ganz offen zu, was ich an meinem Job immer am meisten schätzte: die Fringe Benefits. Das sind die vom Arbeitgeber zur Verfügung gestellten Lohnnebenleistungen. Oder, mein Lieblingswort: »Lebensqualitätsvorteile«. Wer würde sich keine Vorteile für sein Leben sichern wollen?! Eben! Ich hatte gleich mehrfach zugeschlagen:

- Mein Firmenhandy nutzte ich auch privat und sparte mir somit die Handykosten
- Unter der Woche ging ich auf Projektkosten dinieren, und donnerstags stopfte ich mir den Kühlschrank für das Wochenende voll
- Meine Wohnkosten wurden als Projektkosten übernommen
- Kreditkartengebühren und Fitnessclub-Beiträge waren Fremdwörter für meine Ohren

- Dank berufsbedingter Reisen sammelte ich Bahn- und Flug-
  meilen, um sie dann wieder für private Zwecke auszugeben
- Und um all dies dem Finanzamt zu erklären, holte ich mir regelmäßig Hilfe bei unserer Steuer- und Rechtsabteilung

Wie also zu erkennen ist, profitierte ich in großem Maß davon,
unter der Woche ein paar Folien zu schrubben. Immerhin wird
mir niemand nachsagen können, ich hätte die für einen Consultant so wichtige »Dienstleister-Mentalität« nicht verinnerlicht!

## Wenn Consultants netzwerken

»Social Media ist wie eine Welle: Entweder man lernt, auf ihr zu
surfen, oder man geht unter«, sagte unsere Social-Media-Expertin,
als meine KollegInnen und ich das obligatorische Firmentraining
besuchten. Mächtige Worte, die einst in abgewandelter Form Bill
Gates über das Internet von sich gab.

Unsere Firma wollte, dass jeder von uns die eigene Präsenz auf
Xing und LinkedIn, den Internet-Plattformen für berufliches Netzwerken, verbessert, um so unser Unternehmen professionell und
erfolgreich zu repräsentieren. Doch fragte ich mich: Wann ist mein
Profil ein besonders vorzeigbares? Woran erkenne ich, dass ich es
zum Profil eines High Performers gebracht habe? Laut der Expertin
erkenne man das daran, dass sich viele Leute mit einem vernetzen
wollen. Und besonders die Headhunter lecken sich dann angeblich
nach einem die Finger.

Dabei wollte ich überhaupt gar nicht, dass sich irgendwer nach
mir die Finger leckt. Geschweige denn dass mich viele Leute online
finden und wiedererkennen können. Was, wenn ich gerne inkog-
nito bleiben und in Ruhe gelassen werden möchte? Wenn ich kein
Profilbild hochladen und mein Schülerpraktikum im Altersheim
nicht aus der Auflistung nehmen möchte? Wenn ich die »Fähigkei-

ten« anderer Plattformnutzer nicht bestätigen und auch keine Artikel über neueste Branchenentwicklung posten möchte. Was dann?

»Dann ist dein Profil nicht ›socially attractive‹.« Die Besucherzahlen und die Finger-Leck-Quote bleiben dann im Keller! Unsere Social-Media-Expertin bestand also darauf, dass ich daran arbeitete, meine aufgeführten Soft Skills auszubauen. Das erreiche man am besten, indem man seine bestehenden Kontakte direkt darum bittet, sie zu bestätigen.

Doch mal ganz im Ernst: Wer weiß schon wirklich, ob meine Leadership- oder Workshop-Skills exzellent sind?! Letztlich wissen das doch nur die zwei bis drei KollegInnen, mit denen ich eng zusammengearbeitet habe. Erst kürzlich hatte einer meiner entfernten Business-Kontakte meine Marketing-Kenntnisse bestätigt. Dabei hatte ich nie etwas mit Marketing am Hut gehabt! Ich habe daraufhin erst einmal seine »Fashion«-Kenntnisse bestätigt – was für ein Bullshit! Aber Reziprozität muss sein.

Auch wenn man ganz genau weiß, dass die angegebenen Skills nicht immer der Realität entsprechen, so lesen sich die Profile doch meist sehr beeindruckend: Nach gerade einmal fünf Jahren als Research Analyst und weiteren drei Jahren als Unternehmensberater steigt einer als »Vice President« bei einer globalen Bank ein. Und die Person scheint laut eigenem Fähigkeiten-Katalog auch wirklich alles zu beherrschen und zu wissen. Und bei den Skills hört es natürlich noch längst nicht auf. Schließlich leben wir heutzutage in einer »Meritokratie« – »Demokratie« war gestern. Soziales Engagement und ausgefallene Interessen runden das Profil eines High Performers entsprechend ab.

So schreibt der Vice President der global agierenden Bank in seinem Profil, an »Menschenrechten und Katastrophenschutz« interessiert zu sein. Wann er dafür wohl noch Zeit findet? Doch ich will mal keine Vorurteile verbreiten. Wer weiß – vielleicht bestellt er sich ja die *National Geographic* ins Haus und spendet 10 Euro im Monat an das SOS Kinderdorf!

Doch genug des Sarkasmus. Zugegebenermaßen packte letztlich auch mich der Ehrgeiz: Wieso nicht mein Profil boosten, wenn ich dadurch bei KollegInnen und zukünftigen Arbeitgebern noch besser ankomme?! Der Effort ist klein, die zu erntenden Früchte wiegen dafür umso schwerer.

Ich machte mich also daran, meinen Kontaktkreis zu erweitern, verschickte wahllos Einladungen an Fremde aus meiner Branche. Innerhalb von einer Stunde hatte ich dreißig zusätzliche »Freunde« gesammelt. Ich likte *The Independent* und *The Economist*, wurde zum Follower von TED Talks (insbesondere jenen mit Titeln wie »The neurons that have shaped civilization« oder »How to make stress your friend«). Zum Glück wusste niemand, dass ich am Wochenende *The Kardashians* im Fernsehen anschaute. Als mein Vorbild gab ich Sheryl Sandberg an, die COO von Facebook und Verfasserin der feministischen Lektüre *Lean In* – passte zum Zeitgeist! Und als Teaser auf meiner Profilseite zitierte ich Elon Musk: »Wie entsteht innovatives Denken? Es ist eine Geisteshaltung, für die man sich entscheiden muss.«

Plötzlich hatte ich eine Nachricht in meinem Postfach. »Schön, dich kennengelernt zu haben, Charlie. Es würde mich freuen, mehr darüber zu erfahren, wie du deinen Hintergrund als Psychologin in deiner täglichen Arbeit als Consultant einfließen lässt!«

Die Nachricht war von einem Mann, den ich eine Woche zuvor bei einem Networking-Event getroffen hatte. Doch seit wann flirtet man auf LinkedIn, dafür gibt es doch Tinder oder OkCupid?! Der Typ schien den Sinn der Plattform nicht verstanden zu haben. Eine kurze Nachfrage bei meinen Kolleginnen ließ mich herausfinden: Immer mehr Leute nutzen die professionellen Plattformen heutzutage für Dating-Zwecke. Das hatte uns die Social-Media-Expertin verschwiegen. Ich betrachtete die Nachricht als den ultimativen Beweis: Ich hatte mein Profil erfolgreich geboostet.

## Wenn sich Consultants verlieben

»Schön, dich kennengelernt zu haben, Charlie. Es würde mich freuen mehr darüber zu erfahren, wie du deinen Hintergrund als Psychologin in deiner täglichen Arbeit als Consultant einfließen lässt!«

Die Nachricht über LinkedIn kam unerwartet. Tom und ich hatten uns eine Woche zuvor flüchtig auf einem Business-Event kennen gelernt. Meinte er es ernst, oder war ich für ihn bloß ein Meilenstein auf dem Weg zu seinem großen Ziel? Hatten er und ich Potenzial, und wenn ja, wofür? Welche Hidden Agenda hatte er, und würde er sie mir mitteilen? Lauter Fragen, die in meinem Kopf herumschwirrten.

In jedem Fall ein cleverer Next Step – so zu tun, als wolle er mit mir über Berufliches sprechen. Dabei wussten wir beide: Es ging um mehr.

Ich fragte mich, wie sein Dating-Portfolio wohl aussah. War er eher ein Womanizer, und war ich nur ein Quick Win, bloß Eye Candy für ihn? Oder sah er in mir etwa Wedding Material? Ich nahm mir vor, all dies herauszufinden. Ich antwortete Tom also: »Ich kann dir einen Slot am Mittwochabend anbieten. Dann können wir diese und andere Fragen besprechen und uns gegenseitig ein paar relevante Insights verschaffen.« Zusammen mit der Antwort schickte ich ihm eine Meetingeinladung in Outlook. Natürlich fügte ich auch die Einwahl-Details hinzu, für den Fall, dass aus dem Face-to-Face-Meeting ein Call werden sollte. Er akzeptierte mit Vorbehalt und schlug alternativ vor, dass wir uns am Freitagabend treffen. Wenn das kein Zeichen war!

Unser Date fand im Theresa statt, einem Münchner Restaurant, das schon seit Längerem auf meiner Shortlist stand. Unsere Unterhaltung verlief geschmeidig: Wir fanden einige Hot Topics und schienen beide dieselbe Hidden Agenda zu haben. Wie versprochen, gab ich ihm ein paar Insights in meinen Job, natürlich nur so viele, wie mein Non-Disclosure-Agreement es mir erlaubte. Er teilte einige seiner War Stories mit mir, und im Nu war es nach Mitternacht. Pünktlich klingelte mein Handywecker, und als Alarm-Message erschien auf meinem Display: »Die Extrameile beginnt. Sind alle Slides ready?« Das sollte mich unter der Woche daran erinnern, auch abends noch effektiv zu arbeiten. Doch an diesem Abend ignorierte ich den Alarm und jeden Gedanken an die Extrameile. Stattdessen tranken wir noch einen Digestif und verließen bald gesättigt und beschwingt das Restaurant.

»Der heutige Abend hat meine Expectations übertroffen. Hättest du Lust auf ein Follow-up?«, hörte ich Tom fragen. Vor meinem inneren Auge sprangen alle Statusampeln auf Grün, und ich stimmte hastig zu: »Bin da ganz agreed. Vielleicht können wir ja bereits nächste Woche ansteuern?«

Noch gab es keine tangiblen Endergebnisse, aber der Zwischenstand war sehr positiv. Risiken schien es auch keine zu geben. Ich schwebte im siebten Beraterhimmel.

### Wenn sich Consultants committen

Berater heiraten … ob man es glaubt oder nicht. Nämlich einander. Doch Scherz beiseite. Manchmal heiraten sie auch außerhalb ihrer Spezies.

Generell, so sagt man, übernehmen Berater ja eher selten die Verantwortung für ihr Tun: Die große Kritik an uns Consultants ist schließlich, dass wir von Kunden beauftragt werden, etwas zu verbessern, doch dann bloß eine teure neue Geschäftsstrategie vorlegen, die wir nicht mal mehr umsetzen. Und selbst wenn wir in der sogenannten Implementierungsphase noch da sind, übernimmt letztlich ja doch das Kundenunternehmen selbst die Verantwortung für jede Konsequenz. So der Vorwurf.

Die Vorurteile lassen uns außerdem als karrieregeile Einzelgänger dastehen, die sich höchstens zu einer klar als »Friends with Benefits« definierten Wochenendbeziehung hinreißen lassen. Zeit für eine richtig intensive Beziehung bleibt bei dem Lifestyle tatsächlich nicht. Es sei denn …

… sie besteht unter Consultants: Zwei meiner Kollegen heirateten, und die Monate vor ihrer Hochzeit war keine einfache Zeit. Für mich. Denn ich half bei der Organisation, und alles musste perfekt durchgeplant sein. Und natürlich in Excel getrackt werden, bis ins letzte Detail. Sogar die Anzahl der Gäste wurde basierend auf demografischen und geografischen Faktoren geschätzt: Wie wahrscheinlich war es, dass ein Gast einen Partner mitbringt, basierend auf seinem derzeitigen Beziehungsstatus? Welche Gäste würden tatsächlich zur Hochzeit erscheinen, ihr Alter und die Entfernung ihres Wohnortes in Betracht ziehend? Der finale Headcount, also die angenommene Anzahl an Gästen, wurde mithilfe eines Prognosemodells kalkuliert. Die Shortlist der potenziellen Locations wurde in der kostbaren Wochenendzeit abgearbeitet, ein Viewing nach dem anderen. Hinterher wurde das Für und Wider tabellarisch aufgestellt und abgewogen. Das Hochzeitskleid musste selbstverständlich spätestens neun Monate vor der Hochzeit feststehen, sonst hätte die Planungsampel Rot angezeigt.

Am Tag der Hochzeit sollte ich dann eine Rede halten. Zuerst hielten die Eltern der Beraterbraut ihre, überraschenderweise blieb der obligatorische Baby-Appell aus. Dafür zog mein Tischnachbar seine Liebste auf, als sie einem Kleinkind am Nachbartisch zulächelte: »Da fangen die Eierstöcke zu glühen an, gell?« Als ich dran war, zog ich den Laptop aus der Tasche und hielt eine Rede, die mit ein paar Slides untermalt war. Wie auch sonst als Beraterin.

Eine Hochzeitsrede ist natürlich immer so eine Sache. Schließlich will man den richtigen Ton treffen, da spielt vor allem die Wortwahl eine wichtige Rolle. Ich hatte meine Hochzeitsrede an die Target Audience angepasst, und Folgendes kam dabei heraus:

*Liebe Christina, lieber Christian!*
Ihr habt euch entschieden, von nun an gemeinsame Wege zu gehen. Und zwar auch außerhalb vom Office. Dazu möchte ich euch gratulieren. Congratulations. Mit dieser Decision habt ihr Prioritäten gesetzt, Boldness und Commitment bewiesen. Ich bin mir sicher, dass eure Ehe eine steile Lernkurve für euch beide sein wird. Und deshalb: Stellt sicher, dass ihr eure Best-Practice-Erfahrungen und auch eure Lessons Learnt ins Intranet-FAQ der Firma einpflegt, damit andere sie leveragen können.

Wie ihr sicher wisst, ist die übliche Expectation an euch, dass ihr als Next Step tangible Outcomes erzeugt. Ich aber möchte euch, als Single und Kinderlose, den gegenteiligen Advice geben: Investiert erst einmal in euer Merger-Projekt, genießt die Quick Wins, take your time. So viel, wie ihr braucht. Und wenn ihr beide ready seid, um gemeinsam die All-nighter zu pullen, dann bringt alle eure PS auf die Straße und vergesst ausnahmsweise die 80:20-Regel. Und noch eine Sache dürft ihr nun endlich, ganz feierlich und offiziell, vergessen: nämlich eine unserer goldenen Berater-Regeln – never fuck the company.

## Berater-Kontaktanzeigen

Junior Consultant (Rohdiamant24): *Lass uns gemeinsam die Comfort Zone verlassen.*
»Ich, 24, bin ein Rohdiamant, der geschliffen werden will. Ich suche eine High Hanging Fruit zum Extrameilen und Gemeinsam-an-die-Grenze-Gehen. Du denkst, du bist eine Challenge? Ich nehme sie an und zeige dir, was ein High Performer ist! Wenn

du mit mir deine ›Lessons Learnt‹ leveragen magst, stehe ich mit Drive und Ambition bereit.«

Senior Consultant (NoGoldDigger29): *SWEETHEART gesucht.*
»Ich, 29, Consultine, suche bessere Hälfte mit Niveau für eine ernste und langfristige Fern- und Wochenendbeziehung. Verreist du auch so gerne wie ich? Dann lass uns doch zusammen nach Paris fliegen. The good news is: Ich habe genug Bonusmeilen für uns zwei! Wenn du, Nichtraucher & ohne Haustier, mit meinem IQ (130), Gehalt (70k) und meinem Arbeitspensum (>60 Std pro Woche) mithalten kannst, kommst du auf meine Shortlist … Keine Joyrides, nur ernste Anfragen von High Performern.«

Partner (Rennpferd52): *Suche Frau für Leidenschaft, die kein Leiden schafft.*
»Komm, steig ein in meinen M6 Gran Coupé, ich nehme dich mit auf eine Spritztour. Viel gereister Mann, 52, mit Gebrauchsspuren, dafür mit vollem Haupthaar, sucht Powerfrau mit Charisma für romantische Abendstunden unter der Woche. Gerne auch gebunden, ich erwarte »nur« deine volle Aufmerksamkeit, wenn wir beisammen sind. Wenn du gerne in einer Privatsuite eines Fünf-Sterne-Hotels mit Erdbeeren und Champagner verwöhnt werden möchtest, lass die Korken knallen und verführe mich mit deinem Charme!«

Contractor (CashIn40): *Suche passiven Partner für aktive Stunden.*
»Ich, m 40 J. (jünger aussehend), suche einen Partner (idealerweise auch selbstständiger Berater), der meine Devise teilt: »Work smart, not hard« (Dr. Gregory House). Willst du dich mit mir ins Fäustchen lachen beim Anblick der umtriebigen Berater-Bienchen, die ihre niedlichen Tagesraten mit den ›tollen Karriere-Chancen‹ rechtfertigen? Wir indes nehmen lieber unsere satte Tagesrate mit

und gönnen uns einen frühen Feierabend im Hot Tub mit Schampus und Schaumkrönchen.«

Die Kundin (Schmusebärchen48): *Suche Mann für intensive Gespräche und mit Schulter zum Anlehnen.*
»Ich, attraktive 48, suche Partner, der mit mir durch dick & dünn geht und mich auf Händen trägt. Du sollst mich stets in kritischen Fragen beraten, nicht von meiner Seite weichen und jede Schuld auf dich nehmen, um mein schwaches Herz zu schützen. Anerkennung gebe ich dir, indem ich mein Schicksal ganz in deine Hände lege und dich im Hintergrund die Strippen ziehen lasse. Mein Ex-Mann nannte mich hinter meinem Rücken »Bunny Boiler«, ich weiß zwar nicht, was er damit meinte, fand es aber nicht nett. Wenn du einen schöneren Spitznamen für mich hast, schaffst du es vielleicht auf meine Shortlist.«

Recruiterin (Menschenliebhaberin35): *Bist du das perfekte Match?*
»Human Capital ist meine Stärke! Ich, 35, begebe mich in den ›War for Love‹ und suche nach wahrem Commitment.

Ist der Fit da und hat das ›zwischen uns‹ Potenzial, dann werde ich alles reininvestieren, um dich zu gewinnen und zu halten. Keine Sorge, ich bin weder needy noch clingy, dafür bin ich viel zu busy! Wenn du an einem Date interessiert bist, dann komm mich am besten auf der Recruitingmesse oder beim Tag der offenen Tür (be-)suchen!«

Der Headhunter (Sherlock36): *Aufrichtig interessierter Mann sucht erfolgreiche Frau mit Potenzial.*
»Ich (m/36) habe ein Gespür für starke Frauen. Mein Spitzname ist ›Sherlock Holmes‹, und ich bin Headhunter. Doch ich bin anders als die anderen. Mir geht es wirklich um dich als Person, ich sehe in dir nicht bloß das Geld. Denn ich weiß zwar um deinen Wert, aber für mich bist du trotzdem ein Mensch. Und ein wun-

derschöner Mensch. Mit Stärken und Schwächen und vor allem einem reichen Erfahrungsschatz. Ich würde mich freuen, wenn du mir deine Nummer gibst. Und vielleicht auch noch die deiner Kollegin?«

## Kein Sex in der Kernzeit

Es tutete sehr lange, dann schien jemand abzunehmen. Erst hörte ich bloß Stille. Dann Stöhnen. Dann Schmatzen, dann Stöhnen, und wieder ein Schmatz-Geräusch. Ich schaute auf mein iPhone-Display, um mich zu vergewissern, dass ich nicht versehentlich bei einer Sex-Hotline gelandet war. Da sollte sich mein Kollege am besten bewerben, wenn er weiterhin so underperformte – zumindest im Consulting-Job. Wie er sonst so performt, wollte ich lieber nicht wissen. Ich hatte genug gehört und legte auf.

Wir Consultants sind in unserer Arbeitszeit sehr flexibel, denn wir können überall und jederzeit arbeiten: Ob von zu Hause aus oder selbst das ganze Wochenende hindurch. Da sind wir ganz frei. Und wir sind allzeit bereit. Denn es wird von uns erwartet, dass wir immer und überall unseren Laptop aufklappen, hart arbeiten und delivern können. Die Ausrede »Ich kann nicht mehr« gibt es nicht. Überstunden und Kernzeit sind für uns mentale Konstrukte, erfunden, um die Low Performer in unserer Gesellschaft zu schützen. Diese Weisheiten lernen wir jedoch erst mit der Zeit. Und viele New Joiner im Beratungsbusiness verwechseln die Flexibilität, die unser Beruf mit sich bringt, mit tatsächlicher Freiheit.

Den besagten Teamkollegen hatte ich an einem Freitag morgens um 9 Uhr angerufen, weil er für mich noch einen Bericht fertigstellen sollte und ich nachhaken wollte, wo er damit stand. Er jedoch hatte sich offenbar dafür entschieden, den Morgen für seine ganz eigenen »Deliverables« zu nutzen. Ich knöpfte ihn mir später am Abend vor und erklärte ihm das Berater-Einmaleins:

**Regel Nummer 1: Kein Sex in der Kernzeit!** Die Kernzeit unserer Kunden geht von 9 bis 5, also müssen wir in dieser Zeit für sie bereitstehen. Falls es mal nichts zu tun gibt, sollte man immerhin den Laptop aufgeklappt haben und mit dem W-LAN verbunden sein, um das Lämpchen beim Online-Messenger auf Grün zu bringen. So kann man sich zu Hause frei bewegen und meinetwegen auch Regel 1 ignorieren. Aber wirklich nur, wenn die genannten »Vorkehrungen« getroffen wurden. Wer hingegen gänzlich an den Laptop gebunden ist, da Kollege oder Kunde neben einem sitzt, schiebt ganz einfach seinen Sichtschutzfilter vor den Laptopbildschirm und kann wieder ungestört neuestes Filmmaterial ansehen oder den Sommerurlaub planen. Dabei bloß nicht vergessen, die Stirn in Falten zu legen! Denn das ist …

**Regel Nummer 2: Mehr Schein als Sein!** Immer schön so tun, als ob.

Doch das letzte und wirklich wichtige Berater-Learning ist:

**Regel Nummer 3: Regeln sind da, um gebrochen zu werden!** Die Kunst ist es, sich als Consultant seine Schlupflöcher zu suchen. Das ist manchmal ein Balanceakt – nicht umsonst heißt es »Work-Life-Balance«. Nur dürfen das weder Kunde noch Kollegen mitbekommen. Für sie muss es so aussehen, als würde jede freie Minute in die Arbeit investiert werden. Siehe Regel Nummer 2.

## KAPITEL 3

# EIN KRITISCHERER BLICK

## Me Day

In der Nähe meiner Arbeit, direkt um die Ecke bei meinem Kunden, hatte ein Spa eröffnet. Ich wusste das so genau, weil ich tagtäglich daran vorbeilief: morgens um 7:30 Uhr auf dem Weg zur Arbeit und abends zwischen 21:00 und 1:00 Uhr auf dem Weg nach Hause. Und jedes Mal strahlte mir eine entspannte junge Frau vom Werbeplakat entgegen, über ihr prangten die Worte: »Mittwoch ist ›Me Day‹: 20 % Rabatt auf Ihre Hot-Stone- und Ganzkörper-Massage. Und was gönnen Sie sich an Ihrem besonderen Tag?«

Ich weiß bis heute nicht, wer bei wem abgekupfert hatte, jedenfalls führte meine Projektleiterin für unser Team plötzlich einen Me Day ein. Sie eröffnete uns diese freudige Botschaft bei unserem wöchentlichen Team-Meeting. Demnach sollten wir ab sofort versuchen, einmal pro Woche »schon gegen 18 oder 19 Uhr« Feierabend zu machen – also sozusagen halbtags arbeiten –, um den Rest des Abends ausspannen und Energie tanken zu können. Seltsamerweise hatte jedoch auch Wochen nach dieser Ankündigung noch niemand aus dem Team den Me Day eingelöst. Ob es daran lag, dass die Arbeit davon ja auch nicht weniger wurde? Der Me Day war unter diesen Umständen allenfalls eine in der Theorie gut gemeinte Geste, die an der eigenen Work-Life-Balance rein gar nichts änderte. Andererseits wird der Begriff »Work-Life-Balance« ohnehin überbewertet – dieser Meinung war zumindest meine Projektleiterin. Denn schließlich seien Leben und Arbeit heutzutage keine voneinander separierbaren Einheiten mehr. Mit der Erreichbarkeit rund um die Uhr sowie der Flexibilisierung von Arbeitszeit und -ort seien wir doch längst vom Arbeiten 3.0 zum Arbeiten 4.0 übergegangen.

Eines Abends buchte ich dann aber doch eine Hot-Stone-Massage und nahm mir fest vor: Heute entspanne ich mich! Das Handy legte ich außerhalb meiner Reichweite und im »Nicht stören«-Modus auf der Kommode ab. Doch etwa nach fünf Minuten, gerade als die Masseurin die heißen Steine auf meinem Rücken platziert und den Raum verlassen hatte, klingelte es. Ich erkannte am Klingelton: Es war meine Projektleiterin! Da ich vergessen hatte, es vor der Massage anders einzustellen, kamen ihre Anrufe sogar im Spezialmodus durch. Bei dem Versuch, das Handy von der Liege aus zu erreichen, fielen einige der heißen Steine klangvoll auf den Boden. Die Masseurin steckte ihren Kopf durch die Tür: »Alles okay?« Doch ich telefonierte bereits mit meiner Chefin: »Du brauchst die Slides in einer Stunde? Klar, das passt. Ich verschiebe den Me Day auf morgen, kein Problem.«

Und so mussten die heißen Steine und die Entspannung an dem Tag noch mal auf mich verzichten. Man muss eben flexibel bleiben. Und das nennt sich Arbeiten 4.0.

## Zeit ist Geld?
## Dann sind Unternehmensberater arm!

»Eure Extrameile beginnt um Mitternacht« – mit diesem Leitsatz waren meine neuen KollegInnen und ich in die Arbeitswelt gestartet und in den Beruf und in das Leben der Unternehmensberater eingetaucht. Nun wird ja die »Extrameile« im Beraterjargon als jene letzten Meter bezeichnet, die die Spreu vom Weizen trennen, den High Performer vom Low Performer. Denn nur wenn du motiviert und fit genug bist, um dir die Nächte um die Ohren zu schlagen, wirst du in den Kreis der selbst ernannten Hoch-Performanten aufgenommen.

Aber warum fängt man dann nicht erst um Mitternacht an zu arbeiten? »Wenn dann doch erst die Extrameile beginnt ... ?!«, feixte meine Freundin. Sie ist keine Unternehmensberaterin. Sie legt ihren Stift sprichwörtlich täglich um 17 Uhr nieder. Und sie konnte nicht glauben, dass es im Consulting so viel zu tun gibt, dass ein Arbeiten bis nach Mitternacht nötig ist. »Ist das nicht bloß Face-Time?« Was klingt wie die Telefon-App von Apple, ist im Beratersprech ein Synonym für Präsenzzeit ohne Mehrwert (geschweige denn Bezahlung), weder für sich noch für den Kunden. Ein bloßes Ausharren und Absitzen seiner Zeit, des guten Eindrucks wegen. Ich war überrascht, dass meine Freundin diesen fachspezifischen Ausdruck kannte. »Nein, leider nicht«, seufzte ich und sagte weiter: »Schön wär's, dann könnte ich nebenbei wenigstens Bubble Attack oder Candy Crush spielen. So aber arbeite ich tatsächlich.«

»Was macht ihr denn soooo lange bei der Arbeit?«, hakte meine Freundin weiter nach. Ich versuchte ihr zu erklären, dass wir auch viel Zeit mit Meetings, Brainstorming- und Brownpaper-Sessions, Networking-Events und Teambuilding verbringen und wir unter anderem deshalb lange bei der Arbeit seien.

Anstatt dass sie diese Argumentation überzeugte, warf es bei ihr weitere Fragen auf. »Was sind Brainstorming- und Brownpaper-Sessions? Und mit wem wollt ihr um Mitternacht noch netzwerken?« Und überhaupt, so meine Freundin, sei es nachgewiesen, dass die Aufmerksamkeitsspanne nach einem Acht-Stunden-Arbeitstag rapide bergab geht und die Motivation nachlässt. »Das ist keine Frage des Wollens«, versuchte ich ihr zu erklären, »vielmehr eine des Müssens. Wenn etwas fertig werden muss, dann ist es egal, ob du Müdigkeit verspürst und schon acht Stunden hinter dir hast. Du machst weiter.« – »Klingt nach moderner Sklaverei«, stichelte meine Freundin. »Mag schon sein. Aber ich verbringe meine Arbeitsstunden, verglichen mit der Arbeit eines Sklaven, immerhin freiwillig und für mich gewinnbringend. Getreu dem Motto ›Der Zweck heiligt die Mittel‹ behalte ich stets mein Big Picture, das große Ziel, vor Augen: An seine Grenzen gegangen zu sein, es sich bewiesen zu haben, letztlich: zum Kreis der High Performer zu gehören. Dies sage ich mir oft Mantra-artig auf, wenn ich mit müden Augen und rauschenden

Tinnitus-Ohren nachts um 1 Uhr vor meiner hundertsten Power-Point-Folie sitze.«

Stille. Ich schien meine Freundin überzeugt zu haben. »Tja, so kann man sein Leben auch rumkriegen.« Der Sarkasmus in ihrer Stimme war nicht zu überhören, und ich hätte mir lieber Verständnis gewünscht oder gar Bewunderung, mindestens jedoch Mitleid.

»Hey, aber immerhin haben wir neuerdings einen Me Day pro Woche!«, erzählte ich stolz.

»Das ist ja cool. Also ein von der Firma bezahlter Wellness-Tag, mit Sauna und Massage und allem?«

Ich überlegte kurz, ob ich dieses Missverständnis so stehen und sie in dem Glauben lassen sollte, dass ich jeden Mittwoch eine Hot-Stone-Massage oder eine Sandelholz-Aromatherapie bekomme. Aber ich entschied mich für die Wahrheit. »Der Me Day ist echt super, ich kann dann schon so um 19 Uhr gehen und einfach mal Freunde treffen oder eben früher ins Bett gehen oder so.« Ohne eine Reaktion darauf attackierte mich meine Freundin, die Anti-Beraterin, mit weiteren Fragen. Ich befürchtete, die Inquisition würde kein Ende nehmen. »Und was sagt Vater Staat und Mutter Personalabteilung zu dieser Ausbeute?« Ich versuchte, ein wenig Witz und Lockerheit in die Sache zu bringen: »Du, das ist wie in einer guten Ehe. Vater und Mutter haben sich da arrangiert und lassen sich gegenseitig in Ruhe. Die Mutter holt sich bei dir mit dem entsprechenden Paragrafen im Vertrag das Okay ab, dass du freiwillig auf die gesetzlich limitierten 40 Stunden verzichtest, und für den Vater ist die Sache damit auch gegessen.« Kein Lachen. Anscheinend klang es in den Ohren meiner Freundin ganz und gar nicht witzig.

»Kennst du das Sprichwort ›Zeit ist Geld‹? Wenn man es wörtlich nimmt, seid ihr Berater unheimlich arme Menschen.« Und plötzlich erfuhr ich das, was ich mir zuvor noch gewünscht hatte: Mitleid. Und es fühlte sich gar nicht mal so gut an.

# Perspektivwechsel

»Es kommt nicht darauf an, wer du bist, sondern darauf, was andere in dir sehen.« Diesen Satz gab mir ein Kunde mal als Abschiedsfeedback mit auf den Weg. Es war ein gut gemeinter Ratschlag. Denn kurz zuvor hatten er und ich ganz offen darüber gesprochen, dass er mich in meiner Performance unterschätzt hatte. Er hatte zugegeben, dass er mich aufgrund meiner Größe (160 cm), meiner blonden Haare und meines allgemein eher zarten Auftretens als weniger durchsetzungsfähig und zielstrebig eingeschätzt hatte. Ehrliches Feedback von einem ehrlichen Mann. Der allerdings dem »Think manager, think male«-Denkmuster auf den Leim gegangen war. Zunächst wusste ich mit seinem Geständnis und seinen weisen Worten noch nicht wirklich etwas anzufangen. Wie sollte ich ändern, was andere sahen? Eine chirurgische Beinstreckung erschien mir übertrieben und auch recht schmerzhaft. Meine blonden Haare hatte ich das letzte Mal mit 16 braun getönt. Das Ergebnis war eher suboptimal ausgefallen. Ich sah damals aus wie die Milka-Kuh: fleckig und scheckig!

Es ist ja nicht so, dass dieser Mann auf Kundenseite die erste Person war, die mir signalisierte, dass ich mindestens fünf Jahre jünger aussehe. Beim Griechen, wo ich mit meiner Mutter meinen 26. Geburtstag feierte, stellte der Kellner meiner Mutter einen Ouzo hin. Für mich hingegen wurde ein Lolli auf den Teller gelegt. Ich hätte, um keinen Aufstand zu machen und etwa kindisch zu wirken, den Lolli einfach genommen, doch meine Mutter ging in die Offensive: »Wissen Sie eigentlich, wie alt meine Tochter heute geworden ist?!«, fragte sie den Kellner. Der arme Mann tippte auf 17, und meine Mutter bestand darauf, dass auch ich einen Ouzo bekomme. Der Ouzo ist nur ein Beispiel von vielen – da waren die Mortadella-Scheiben beim Dorf-Schlachter, die mir die Verkäuferin hinter der Theke noch bis zu meinem 16. Lebensjahr reichte. Oder das Busticket, das ich noch lange zum rabattierten Kinder-

preis erhielt. Und da war die Lehrerin im Zoo, die mich für einen ihrer Sprösslinge hielt und mich am Ärmel zu sich in die Runde zog.

Doch nach all den Jahren des Unterschätzt-Werdens nahm ich mir vor: Nun ist endlich Schluss mit niedlich! Ich sage dem »Think manager, think male«-Denkmuster den Kampf an und pimpe mein Auftreten mithilfe einer Hornbrille! Wer Brille sieht, sieht Intellekt, Reife und nicht zuletzt gehobenes Alter. All diese Attribute erkaufte ich mir mit einer 200 Euro teuren Markenbrille, schwarz gerandet, entspiegeltes Fensterglas. Ich legte mir noch eine gute Erklärung gegenüber KollegInnen zurecht, wieso ich neuerdings eine Brille brauchte. Und eine weitere Erklärung dafür, dass sie ohne Seh-stärke war … Als Sichtschutz vor den schädlichen Laptop-Strahlen natürlich!

Meine Welt sieht, seitdem ich eine Brille trage, nicht anders aus. Aber hoffentlich die der anderen. Ich hoffe, sie sehen in mir ab sofort die zielstrebige und durchsetzungsfähige Person, die ich eigentlich bin. Um das zu testen, werde ich demnächst meine Bril-le aufsetzen und zuerst zum Dorf-Schlachter gehen, dann einen Zoo besuchen und abends beim Griechen essen gehen.

## Ich, die Cash Cow

Man soll die Kuh melken, solange sie noch Milch gibt! Das ist keine alte Bauernweisheit, sondern Realität in der Unternehmens-beratung. Und ich als Beraterin musste mir bald eingestehen, dass ich eine dieser Milchkühe war. Jeder BWL-Student weiß: Eine Cash Cow steht eigentlich für ein Objekt, dessen Marktwert hoch und dessen Marktwachstum gering ist. Deshalb investiert man in diese Objekte nicht mehr, sondern versucht stattdessen, so viel aus ihnen herauszupressen wie nur geht. Da BWLer-Sprech jedoch nicht jedem geläufig ist, soll die Kuh hier einmal durchs Dorf ge-trieben werden:

Als EinsteigerIn in der Unternehmensberatung klingen einem, nach wochenlangem Studieren der Websites, die Werbeslogans der Beratungshäuser noch in den Ohren: »Shared ambition, true results.« – »High performance. Delivered.« – »It's character that creates impact!« Was jedoch wirklich entscheidend ist und was sich hinter Ambition, Performance und Character versteckt, erfährt man als Neueinsteiger schon bald: Entscheidend ist, dass man »kompromisslos delivert« und verstanden hat, dass die Extrameile um Mitternacht beginnt. Alles andere wäre ja auch »Arbeiten in Teilzeit«. Und »eine Unternehmensberatung ist schließlich keine Non-Profit-Organisation«. Doch genug der Zitate aus höheren Hierarchiekreisen in der Unternehmensberatung.

Als New Joiner in der Unternehmensberatung fängt man eben erst einmal ganz unten an und muss sich beweisen, bevor man zu den Big Playern gehören kann. Obwohl: Ein gewisser Vertrauensvorsprung wird jedem Consultant zu Beginn seiner Karriere entgegengebracht, denn man wird sofort ins kalte Wasser geworfen, indem man zum Kunden mitkommen darf. Dort steht man dann da und sieht vor allem smart aus, mit seinem Rollkoffer, dem schicken Anzügchen und dem Notizblock. Man genießt seinen Status als Neuankömmling, dem ein paar Anfängerfehler gewährt werden, und fühlt sich ein paar Tage lang wohl in seiner Rolle als »Question Mark«.

Doch schon nach wenigen Tagen fällt die Kompetenzvermutung entweder in sich zusammen wie ein Kartenhaus, und man kommt auf das Abstellgleis der armen Hunde (»Dogs«); diese werden nur noch dann auf Kundenprojekte mitgenommen, wenn kein anderer Berater mehr zur Verfügung steht. Oder aber man schafft es, sich innerhalb der Anfangszeit so zu behaupten, dass man zumindest den Status einer Cash Cow erlangt. Auf diesem Level wird man für seine gute Leistung anerkannt und gerne auf Projekte gesetzt. Diese Gruppe gehört innerhalb von Unternehmensberatungen zum Kerngeschäft und macht den Großteil der Belegschaft aus. Nur wenige unter den Consultants schaffen es dann, noch eine Stufe weiterzukommen und das Level der »Stars« zu erreichen. Denn hierzu gehört nicht nur eine gute Performance und die Bereitschaft, die Extrameile zu gehen. Um zu den Gewinnern von heute sowie von morgen zu gehören, braucht man als Berater ein gut ausgebautes Netzwerk mit einflussreichen Sponsoren und Supportern in der eigenen Firma. Diese finden sich meist unter den Vice Presidents oder Principals, also auf höheren Hierarchieebenen, und man gewinnt ihr Vertrauen, indem man besonders hart für sie arbeitet und regelmäßig ein Feierabendbier mit ihnen trinken geht.

Um im BWLer-Sprech zu bleiben, sei noch erwähnt, was hinter dieser Kategorisierung von Mitarbeitern steckt, und zwar: der Return on Investment (ROI). Dieser beschreibt als betriebswirtschaftliche Kennzahl, wie effizient eine Investition hinsichtlich ihres Gewinns prozentual war. Bezogen auf die Beratung bedeutet dies, dass jeder Berater zu Beginn seiner Karriere die Firma erst einmal viel kostet. Sie investiert also in den Berater als »Humankapital« und übernimmt Personalkosten, wie etwa das Bruttogehalt, die gesetzlichen Sozialkosten, Reise- und Bewirtungskosten, Trainingskosten und, nicht zu vergessen, die Ausrüstung eines Beraters (Laptop, Tasche und Handy). Irgendwann beginnt ein Consultant, entweder als Dog oder als Cash Cow, durch seinen beim Kunden erbrachten Umsatz die eigenen Personalkosten zu tragen. Wenn alles gut läuft und wenn der Berater sich auf dem Level einer Cash Cow hält oder es sogar zu einem Star gebracht hat, erweitert sich der Beitrag dann bis zur allgemeinen Deckung von Fixkosten im Beratungsunternehmen. Dass ein Berater jedoch nicht bloß eine betriebswirtschaftliche Kennzahl ist, sondern ein Mensch, der seinerseits Gesundheit und wertvolle Lebenszeit in die Arbeit investiert, ist dem BWLer-Modell gänzlich egal.

Das erinnert mich an ein trauriges Erlebnis: Damals war ich sieben Jahre alt, und meine Eltern nahmen mich zu meinem ersten Pferderennen mit. Ich war fasziniert zu sehen, wie sich die Leute fein herausputzten, wie sie mit Hüten und Ferngläsern am Rand der Rennbahn standen und mitfieberten. Und wie dann die Pferde aus ihren Boxen sprangen und der Boden unter den Füßen bebte, als sie an einem vorbeigaloppierten. Leider endete mein erstes Pferderennen tragisch, denn eines der Pferde stürzte mitsamt Reiter. Dem Reiter fehlte nichts, doch das Pferd hatte sich an der Fessel verletzt. Es wurde sofort ein Sichtschutz um das Pferd herum aufgespannt, und kurze Zeit später fiel der Gnadenschuss. Die Kosten für Box und Futter wären einfach zu hoch gewesen, und das Pferd hätte keinen Return on Investment mehr eingebracht.

### BERATER MATRIX

So oder so ähnlich dürfte die beratungsinterne Matrix aussehen, nach der Berater allgemein kategorisiert werden und sich entscheidet, wie stark sie gefördert und wie schnell sie befördert werden:

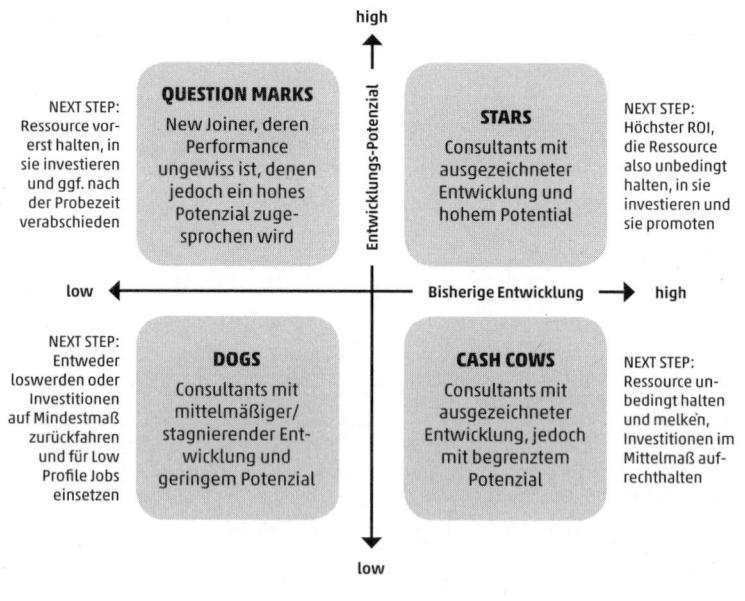

Doch zurück zu den Kühen, vielmehr zur Cash Cow. An sich ist die Kuh wirklich ein schönes Tier. Schade deshalb um die Rufverletzung, die ihr das BWL-Business-Model zufügt. In Indien gilt die Kuh ja sogar als heilig, wohingegen die Mitarbeiter einer Beratung nur mittelfristig heilig sind. Solange eben, wie sie melkbar bleiben. Ich hingegen wollte nicht bis zum letzten Tropfen gemolken werden. Deshalb machte ich mir lieber ein Glas heiße Milch mit Honig. Und während ich sie trank, überdachte ich mein Arbeitsverhältnis ganz in Ruhe noch einmal.

## Down to Earth

Etwas, das ich mir seit dem ersten Tag in der Unternehmensberatung vorgenommen hatte, war: »down to earth« zu bleiben. Auf keinen Fall wollte ich wie all die abgehobenen, unauthentischen Beratertypen enden, denen ich innerhalb meiner ersten Wochen begegnet war. Jene, die ihre wahren Gedanken hinter einem Pokerface verstecken, das eine Mischung aus aufgesetzter Zurückhaltung und süffisanter »Ich bin was Besseres als du«-Attitüde bedeutet. Deren Posts bei Facebook einzig davon handeln, an welchem Flughafen sie sich befinden und welche exotischen Orte sie als Nächstes ansteuern, sei es beruflich oder privat. Die ihre Urlaube ausschließlich in Fünf-Sterne-Resorts verbringen und abends nur nach einem teuren Glas Wein in ihrem privaten Hot Tub zur Ruhe kommen können.

In meinem Sommerurlaub, ein Jahr nachdem ich in der Unternehmensberatung anfing, wurde meine selbst auferlegte Devise dann zum ersten Mal auf die Probe gestellt. Zusammen mit meiner Freundin buchte ich einen Surfurlaub in Moliets, im Süden Frankreichs, und hatte die Wahl zwischen Surfhaus oder Surfcamp. Finanziell war das Haus natürlich allemal drin, aber ich entschied mich für das Surfcamp. Wäre doch sonst kein richtiger Surfurlaub!

Meine Freundin und ich kamen also mit unseren Koffern an-
gerollt und standen an der »Rezeption« des Camps – einem Holz-
tisch mit Beinen unterschiedlicher Länge mitten im Pinienwald.
Weiter hinten im Camp sah man schon die anderen Gäste, allesamt eingefleischte Surfer, wie gleich am Outfit zu erkennen war:
Die Mädchen trugen Billabong-Bikinioberteile und Jeans-Shorts,
die nur die obere Hälfte des Hinterns bedeckten. Die Typen mit
ihren sportlich asketischen Surferkörpern saßen in tief hängenden
Ripcurl-Shorts da, die gerade noch den Sinn eines Feigenblatts
erfüllten. Bei Bier und Reggae-Musik spielten sie Pingpong oder
übten Spagat und Handstand im Sand.

Morgens auf dem Flug von Paris nach Biarritz war ich mir neben
den Berufsreisenden noch underdressed vorgekommen. Im Surfcamp wurden die Karten neu gemischt. Mit meiner langen Jeans,
der Bluse mit Kragen, den Turnschuhen und meiner albinoglei-
chen Hautfarbe outete ich mich umgehend als Neuankömmling
und sah aus, als wäre ich am falschen Reiseziel abgesetzt worden.
Als ein Surfergirl an mir vorbeilief, schaute ich an ihr herab, um
zu checken, welches Schuhwerk man hier so trägt. Aha, Natur-
schlamm-Schuhe: eine Erdkruste, die mit der Hornhaut am Fuß
verwachsen ist. In dem Moment wurde mir der Gratis-Jutebeutel,
der bereits bei Reisebuchung groß angekündigt wurde, über den
Rezeptionstisch gereicht. Der jute Jutebeutel, dachte ich, in dem
sind bestimmt ein paar coole Surfer-Goodies!

Am Zelt angekommen, schaute ich hinter mich und stellte fest,
dass ich mit meinem Koffer nicht nur dicke Furchen in den Sand
gegraben hatte. Schlimmer noch, ich hatte mein ganzes Zelt beim
Abstellen meines Koffers in einen Sandkasten verwandelt, außerdem hatte ich noch den halben Wald mitgebracht. Nachdem der
Haufen Sand und die Piniennadeln entfernt waren, blickte ich gespannt in den Jutebeutel von der Rezeption. Doch darin befand
sich nur eine Rolle Klopapier und ein Stück Board-Wachs, mehr
nicht. Ich wusste zwar nicht, was genau ich erwartet hatte, aber in

den Hotels, in denen ich sonst verkehrte, wäre sicher ein schickes T-Shirt mit Aufdruck, ein Paar Badelatschen oder Spa-Gutscheine drin gewesen.

Nach einer guten ersten Surf-Session im Meer gingen meine Freundin und ich zum Abendessen. Zum Glück hatten wir all-inclusive gebucht und konnten uns jetzt richtig belohnen. Denkste! Am Essensbuffet angekommen, sahen wir: Außer ein paar müden Salatblättern und trockenem Baguette war nichts mehr zu holen. Wir baten um Nachschub, und man zeigte auf ein Schild, auf dem stand: »First come, first surf!« Dann eben heute mal hungrig ins Bett. Anstatt mit »all-inclusive« hätten die lieber mit »Diät inbegriffen« werben sollen! Doch bevor es ins Bett ging, hingen wir noch ein wenig am Strand mit den anderen Surfern ab, hörten Bob Marley und unterhielten uns. »Let's take a pic for your Insta accounts, guys!«, rief dann einer, also positionierten wir uns neben unseren Surfbrettern, links und rechts neben uns die Profisurfer, die die obligatorische »Hang Loose«-Handbewegung machten. Ich fühlte, dass hier Welten aufeinanderprallten. So ähnlich musste es auch ausgesehen haben, als die Indianer mit den Weißen zum ersten Mal am Lagerfeuer zusammensaßen.

So verging die Zeit im Surfcamp, und nach zwei Wochen Surfurlaub kehrte ich tiefenentspannt in meinen Berateralltag zurück. Keine spontanen Surfsessions bei Sonnenuntergang mehr, dafür prall gefüllte Terminkalender. Keine Dreadlocks und Männer mit langen, von der Sonne aufgehellten Haaren, dafür geglättete oder zurückgegelte Frisuren. Keine Jutebeutel mit darin enthaltenem Toilettenpapier, dafür Hotelzimmer mit Minibar und Spa-Bereich. Keine »Hang Loose«-Fotos, dafür Selfies mit Kollegen beim After-Work-Drink. So wichtig es mir auch war, ein bescheidenes Leben zu führen und auf unnötigen Konsum zu verzichten – ich musste mir eingestehen, dass ich den Luxus eines komfortablen Lebens genießen konnte und es schätzte, im Alltag strebsam und erfolgreich zu sein. Schließlich brachte das Leben einer Unternehmensberaterin und das Ziel des beruflichen Aufstiegs auch höhere Erwartungen mit sich.

Doch ein ganz besonderes Souvenir hatte ich aus dem Surfurlaub mitgenommen: Meine Füße hatten an der Hacke nun auch einen schönen eingewachsenen Kranz aus brauner Erde. Zumindest hat das mit dem »Down to earth«-Bleiben dann also zeitweise noch geklappt.

## Nichts als Fakten

Um sich nicht angreifbar zu machen, sprechen Consultants gerne in Fakten und werfen mit Zahlen um sich. Wenn man einen potenziellen Neukunden von seinen Diensten und vorangegangenen Projekterfolgen überzeugen will, sagt man höchstwahrscheinlich so etwas wie: »Wir sind ihren Mitarbeitern gegenüber sozialversicherungsfrei und bedeuten für Sie eine Ersparnis von circa 22 %. Als Quick Win konnten andere unserer Kunden im Durchschnitt 20k an Einsparungen einfahren, bei Ihnen rechnen wir mit einem Anstieg um 10 %, da wir drei Ressourcen zugleich dransetzen.«

Wenn dann doch mal qualitative Informationen angeführt werden, dann bloß um letzte Zweifel auszuräumen oder um die emotional tickenden Leute auf Kundenseite anzusprechen: »Schauen Sie sich doch mal unsere Referenzen und Credentials mit Originalzitaten unserer anderen Kunden an, diese sind im Anhang der Präsentation zu finden ...« Auch im direkten Gegenüber mit dem Kunden werden Gefühle relevant. Hier kommt es darauf an, die Körpersprache des Kunden zu studieren sowie adäquat darauf einzugehen, und ein Consultant darf auch mal seine persönliche, menschliche Seite zeigen.

Doch im Allgemeinen sind es eben die harten Fakten, die zählen. Und das wäre auch völlig okay, wenn diese Eigenart, nur den

Fakten Bedeutung beizumessen, nicht auch im Privatbereich Einzug hielte. Und hier kann es zum echten Störfaktor werden!

Ich erinnere mich an einen Abend, an dem ich mit einigen meiner BeraterkollegInnen zusammensaß und von meinem Kinoerlebnis am Vorabend berichten wollte. Der Film hieß *Ein ganzes halbes Jahr* und die Geschichte war traurig, jedoch schön und romantisch, denn – »Seit wann läuft er im Kino?«, ging der erste Beraterkollege gleich dazwischen, »und wie sind die Reviews?« Weiß ich nicht. Der Film basiert, glaube ich, auf einem Buch, und es gibt einen zweiten Teil, den ich mir unbedingt anschauen muss, weil – »Welche Schauspieler spielen mit? Wie heißen Drehbuchautor und Produzent des Films?«, fragte sogleich der nächste Kollege. Keinen Schimmer! Jedenfalls war der Film super schön, und ich kann ihn sehr empfehlen. Läuft ja bestimmt noch eine Weile. »Wie lange läuft er denn genau, und in welches Genre gehört der Film überhaupt?« … Wer interessiert sich für all diese Details? Wieso macht es manche Menschen, vor allem die Spezies der Unternehmensberater, so glücklich, alle Fakten zu kennen?

Es ist das Gefühl, nicht »bloß« eine aus der Luft gegriffene Meinung abzugeben, sondern sie analytisch und informiert gebildet sowie strukturiert wiedergegeben zu haben. Und auch wenn ich mich innerlich immer noch weigerte, meine Storyline an die Bedürfnisse meiner anstrengenden Zuhörerschaft anzupassen, sah ich ein, dass Fakten mir mehr Glaubwürdigkeit und definitiv mehr Gehör verschaffen würden – ich nenne das »Anekdoten-Empirie«. Deshalb nahm ich mir vor, keine Fakten mehr auszulassen und Kino-Erlebnisberichte vor meinen KollegInnen beim nächsten Mal etwa so aufzuziehen: »Ich war gestern Abend in der 20-Uhr-Vorstellung des 110 Minuten dauernden Films *Ein ganzes halbes Jahr*, der seit dem 23.06.2016 in deutschen Kinos läuft und ins Genre Drama/Romance fällt. Der Film verwöhnt durch eine ordentliche Portion Eskapismus, jedoch leugnet er nicht die Härte des Lebens. Die Reviews liegen bei vier von fünf Sternen, und die Geschichte basiert auf dem Buch der Autorin …«

Und wenn die BeraterkollegInnen dann noch nicht eingeschlafen sind, hole ich eben noch mein Slide-Deck heraus, in dem ich eine Filmanalyse inklusive Überblick der Besucherzahlen und Gegenüberstellung von Filmkosten und -einnahmen zum Besten gebe.

Death by PowerPoint! Das habt ihr verdient!

## Out of Office Reply

Das Schreiben und Beantworten von E-Mails nimmt in vielen Berufen einen Großteil der Arbeitszeit in Anspruch. So auch in dem Beruf einer Unternehmensberaterin. Sogar die Güte eines Consultants scheint daran gemessen zu werden, wie schnell eine Rückmeldung per E-Mail eingeht. Natürlich haben Berater auch das passende Attribut parat, um zu beschreiben, wer schnell auf E-Mails reagiert und wer nicht: »Responsiveness« wird diese Charakteristik im Beratersprech genannt. Bist du responsive, dann antwortest du in Kürze und bist ein High Performer. Bist du nicht responsive, dann bist du entweder zu busy oder schlichtweg nutzlos.

Ein Kollege von mir schwärmte ständig davon, wie responsive sein vorheriger Projektleiter gewesen sei. Der habe innerhalb von wenigen Minuten auf seine E-Mails geantwortet, ganz gleich zu welcher Uhrzeit. Mein Kollege verriet mir, dass er sich manchmal einen Spaß daraus machte, auch noch am späten Abend eine kurze Testmail an seinen Vorgesetzten abzuschicken. Mit dem Ergebnis: Sogar dann kam die Antwort sofort.

Bleibt zu hoffen, dass die Responsiveness eines Beraters nicht dokumentiert wird, um als Bewertungskriterium für Beförderungen herzuhalten. Denn ich bin mir sicher, in meinem Fall hätte dort als Bemerkung gestanden: »Durchschnittliche Responsiveness liegt bei 1,5 Tagen. Insgesamt ist das Antwort-Muster von Charlie Kant schwer nachzuvollziehen.« Und mit Sicherheit hätte niemanden interessiert, welche ausgeklügelte Strategie hinter diesem undurchschaubaren Antwortmuster steckte.

Zu Beginn meiner Beraterkarriere erhielt ich zunächst nur triviale Newsletter und Warnungen der IT-Abteilung hinsichtlich möglicher Cyberattacken. Diese Mails konnte ich schnell überfliegen und dann unbeantwortet in den »Rest in Peace«-Ordner verschieben. Doch nach wenigen Tagen fiel auch ich der E-Mail-Flut des Beratungsbusiness zum Opfer und erhielt tagtäglich zwischen zwanzig und fünfzig E-Mails. Neue Kollegen, die sich vorstellen wollten. Alte Kollegen, die sich verabschieden wollten. Events, die angekündigt wurden. Aufforderungen zur internen Projektmitarbeit. Und auch: tatsächlich relevante E-Mails vom Kunden. Ich erkannte schnell, dass ich etwas an meinem Antwortverhalten ändern musste, um mit diesem Overload an E-Mails klarzukommen. Andere KollegInnen ernannten das Beantworten von E-Mails zu ihrer Hauptaufgabe und waren stolz darauf, dass die Mail-App auf ihrem iPhone eine runde Null anzeigt. Ich hingegen freute mich ob des Zeitgewinns, den ich dadurch erlangte, dass ich meine E-Mail-Aktivität optimiert und strategisch reduziert hatte. Die Website Lifehacker.com gab mir hierfür besonders wertvolle Tipps, die ich an dieser Stelle gerne teilen möchte.

Meine oberste Regel lautet: Antworte auf eine E-Mail nur dann, wenn es unbedingt sein muss! Und falls es denn sein muss: Antworte so schnell wie nötig und so langsam wie möglich!

Mit diesen beiden Regeln fahre ich auch heute noch ziemlich gut. Denn Fakt ist, dass Leute sich daran gewöhnen, wenn du schnell antwortest, und du in Erklärungsnot gerätst, wenn du mal nicht deinen eigenen Rekord im Antworten brichst. Ich hingegen bin von einer nebulösen Rauchwolke umgeben, was die Gründe meiner Non-Responsiveness betrifft. Und schaffe somit einen gesunden Interpretationsraum. Beratertypisch war ich natürlich auch immer zusätzlich abgesichert, indem ich eine »Out of Office Reply« bei Outlook einstellte. Diese generierte automatisch eine Antwort für all diejenigen, die es wagten, mir zu schreiben: *Lieber Sender, ich lese meine E-Mails dezreit lediglich sporadisch. Bitte in dringenden Fällen anrufen. Danke.* Dadurch wussten die Leute gleich Bescheid und verstanden, dass ich sehr, sehr busy war. Auch der Buchstabendreher in »dezreit« war bewusst eingebaut, sodass es noch gehetzter wirkte. Da ich die Out of Office Reply natürlich nicht flächendeckend einsetzen konnte, erlaubte ich mir diesen Luxus nur an Tagen, an denen meine Inbox ganz besonders heiß lief. Für den restlichen Zeitraum hatte ich mir eine automatische Antwortverzögerung programmiert. Das bedeutet: Selbst wenn ich einmal direkt auf eine E-Mail antwortete, da es sich gerade zeitlich anbot, wurde diese Antwort erst drei Stunden später versendet.

Das Ergebnis dieser Strategie?

- Ich erhielt insgesamt weniger E-Mails
- Empfänger meiner E-Mails reagierten mit Dankbarkeit und Wertschätzung
- Und zu guter Letzt: Mein neuer Spitzname unter Kollegen lautete »Out of Office Reply«

## Heute ist Closed Door Day!

Es ist schon beeindruckend, welche blödsinnigen Bullshit-Begriffe Unternehmensberatungen in Umlauf bringen, um im »War for Talent«, der um AbsolventInnen heute herrscht, einen Wettbewerbsvorteil zu erlangen. So werfen die großen Unternehmensberatungen gerne die lyrische Nebelbombe »Open Door Policy« ab, um für sich zu werben. Das soll heißen, dass Türen im Büro nur dann geschlossen werden, wenn sehr wichtige Besprechungen oder Meetings mit dem Kunden stattfinden. Ansonsten ist jeder jederzeit ansprechbar. »Approachable« auf Neudeutsch. Die Rund-um-die-Uhr-Erreichbarkeit fängt schließlich im Büro an. Und wer sich dann hier schon abschottet, gilt als Sozial-Phobiker, den man nicht hätte einstellen sollen und erst recht nicht auf Kunden los-lassen kann.

Die offene Tür ist außerdem Teil einer größeren Idee. Nämlich der, über alles Harmoniesoße drüberkippen zu wollen. Denn in der Beratung haben sich augenscheinlich alle lieb. Diese Vorstel-lung mögen junge AbsolventInnen, denn das widerspricht dem gängigen Vorurteil, dass Unternehmensberatungen Konglomerate egoistischer und profitgesteuerter Personen sind. So duzen sich alle BeraterInnen untereinander, auch über alle Hierarchiestufen hin-weg; man wird vom Principal hier und da auf ein Feierabendbier eingeladen; man fährt im Winter zusammen in den Skiurlaub nach Österreich und im Sommer mietet die Firma eine Jacht nahe der griechischen Inseln. Alle mögen sich eben, und jeder muss des-halb auch jederzeit seine Tür offenhalten, um mit den anderen zu spielen.

Ich aber hatte irgendwann genug davon und trug stattdessen ein Schild bei mir, auf dem stand: »Heute Closed Door Day – es sei denn, es gibt Snacks oder jemand blutet«. Zu Letzterem könnte es da draußen, im Open-Office- und Open-Door-Bereich, sehr schnell kommen. Wenn man nämlich den ganzen Tag Berater-KollegInnen um sich herum sitzen hat, gehen einem deren Ma-rotten schnell gewaltig auf den Keks: Der eine hat den Knopf zur Stummschaltung seiner Laptop-Tastentöne noch nicht entdeckt; ein anderer möchte jeden um sich herum an seinem Dauer-telefonat mit dem Kunden teilhaben lassen; und eine weitere Be-raterkollegin starrt ewig lang einfach nur in die Luft – ob sie den Denkschalter an diesem Tag wohl schon umgelegt hat?

Zu diesen Beobachtungen fällt mir immer das Tierexperiment mit den kleinen süßen Laborratten ein, die sich infolge des »Crow-ding Effects«, also wegen des zu engen Körperkontakts und des ununterbrochenen Aufeinanderhockens, gegenseitig totgebissen haben. Damit es in der Beratung nicht gleich soweit kam, ging ich lieber in einen der Büroräume mit einer Tür und hing mein Schild auf. Sollten sie mich doch wegen einer geschlossenen Tür feuern. Denn alle wissen: Schließt sich eine Tür, öffnen sich zehn neue!

## Doppelmoral

Auch wenn Consultants oftmals als Ja-und-Amen-Sager gelten, würde ich meine Hand dafür ins Feuer legen, dass die Mehrzahl der BeraterInnen konfessionslos ist. Meinetwegen auch ins Fegefeuer. Diese gewagte These stelle ich auf, weil regelmäßig am Sonntagmorgen ein Dutzend E-Mails von verschiedenen KollegInnen in meinem Postfach landeten. Ich fragte mich dann, nachdem ich mich gerade zum zehnten Mal im Bett umgedreht hatte, ob die entsprechenden KollegInnen nicht auch woanders sein sollten als vor ihrem Laptop. Selbst eine Sonntagsandacht in der Kirche erschien mir (ent-)spannender, als am Sonntagmorgen zu arbeiten.

Und obwohl das allein bereits Beweislast genug sein sollte, habe ich weitere, schwerwiegende Argumente, die meine Behauptung untermauern, dass Consultants eher zu den Atheisten und Agnostikern dieser Welt zählen. Bis dato habe ich nämlich noch in keinem der geleasten Audis und BMWs, die BeraterInnen für gewöhnlich fahren, einen Rosenkranz am Rückspiegel hängen sehen! Stattdessen hängt dort meistens eine Miniaturversion des Burj Khalifa, dem neo-futuristischen und größten Wolkenkratzer der Welt, der in Dubai steht. Einen offensichtlicheren Beweis für eine »Larger than life«-Einstellung gibt es doch wohl nicht. Und wie wäre dieses Motto bitte mit dem von Nächstenliebe und Bescheidenheit geprägten Leben eines Gläubigen zu vereinen? Außerdem hat bisher noch nie ein Kreuzkettchen durch das Knopfloch einer Kollegin geblitzt. In der Tat würde ich eher erwarten, durch das Knopfloch einen Nippel blitzen zu sehen als das Kreuz an der Kette. Was macht einen Gläubigen sonst noch so aus? Moralische Überlegenheit. Und auch hier sieht es so aus, als ob sich die Missionare die Zähne an Consultants ausbeißen würden. Denn wir sind groß darin, zu sündigen, zu lästern und (not-) zu lügen. Natürlich nur, wenn es der Job erfordert.

Ganz anders ist die Stimmung in dem regelmäßig stattfindenden »All Hands Call«. In diesem virtuellen Teammeeting, in welches man sich bei einem Softwareanbieter wie Lync oder Skype einwählt, lauschen die Berater andächtig den heiligen Botschaften des CEOs. Im Grunde eine Art Sammelpredigt für Berater. Vor Beginn wird, sozusagen mit Glockengeläut, per E-Mail zur Digital-Andacht eingeladen: »Anbei die Slides für den All Hands Call in 15 Minuten.« Eingeplant wird dann etwa eine Stunde: 5 Minuten, bis alle richtig eingewählt sind, 40 Minuten für die freudigen Botschaften, 15 Minuten zum Ausklingenlassen und Verabschieden. Und die freudigen Botschaften sind in der Tat jedes Mal aufs Neue wieder freudig: Die Zahlen sehen grandios aus, dieses Jahr war das Jahr des starken Wachstums, viele innovative Projekte warten in der Pipeline, ab sofort müssen wir also nur noch durchstarten und Gas geben. Dann schaffen wir es auch, die Nummer eins zu werden! Das Recruiting läuft auf Hochtouren – die notwendigen, wertvollen Talente, die helfen sollen, unser Ziel zu erreichen, sind auch bereits rekrutiert worden (dass inzwischen schon wieder doppelt so viele Talente inzwischen schon wieder gegangen sind, wird natürlich nicht erwähnt). Zum Schluss wird den Beratern und Beraterinnen noch eindringlich gedankt (Mitarbeiterwertschätzung, wie sie in der Bibel steht) – wir seien schließlich der Grund, weshalb die Firma so gut performt. Und nach dem Call ist die Hauptbotschaft, die hängen bleibt: Alles ist gut, du bist gut. Amen.

Ein bisschen Sonntagspredigt braucht eben doch jeder, auch der unterkühlte Beratertyp.

# Bullshit-Bingo

Bingo und Lotto sind zwei Phänomene, die für mich in dieselbe Kategorie fallen wie Gaststätten und Autobahnrasthöfe oder Currywurst und Pommes: Alles Dinge, an denen ich nie Freude entwickeln konnte.

Und trotzdem wollte ich früher unbedingt einmal bei Michael Thürnaus Show *BINGO! Die Umweltlotterie* mitspielen – immerhin eine der meistgesehenen Sendungen in Norddeutschland! Allerdings wollte ich nicht Fragen beantworten und Sachpreise oder eine Reise gewinnen, sondern ich wollte diese Sachpreise als Komparsin in einem der Kurzfilme bewerben! Ich wäre dann eines der Kinder gewesen, die kurz eingeblendet und dabei gezeigt werden, wie sie ihre Schmutzwäsche in die neue Bosch-Waschmaschine werfen, die die Eltern kürzlich stolz bei *BINGO!* gewonnen haben. Ich versprach mir dadurch den Durchbruch als Hollywood-Schauspielerin. Deshalb tyrannisierte ich meine Mutter so lange, bis sie mir schließlich als einziges Geschenk zu meinem 13. Geburtstag schenkte, mit ihr zur NDR-Zentrale zu fahren. Ein kostengünstiger Geburtstag für meine Mutter! Bei der NDR-Zentrale wollte ich Michael Thürnau treffen, um ihm meine schauspielerischen Talente feilzubieten. Und tatsächlich, so viel Glück muss man erst mal haben, lief ich dem Bingo-Lotto-Mann in seine großen, molligen Arme. Er hörte sich freundlich meine Geschichte an, ermunterte mich, meinen Karriereplänen nachzugehen und versicherte mir, nach einer geeigneten Rolle in einem seiner Waschmaschinen-Kurzfilme zu suchen.

Aus dem Schauspieljob bei Michael Thürnau ist leider nie etwas geworden; wobei ich damals schon das Gefühl hatte, dass es eventuell ohnehin nicht das richtige Sprungbrett für meine Hollywoodkarriere gewesen wäre. Allerdings ist eine gewisse Affinität für Bingo auch in der Unternehmensberatung keine

schlechte Sache. Denn hier spielen wir in regelmäßig wiederkehrenden Abständen unser ganz eigenes, firmeninternes Bingo. Wir nennen es aber nicht Umweltbingo, sondern Bullshit-Bingo. Der Bullshit ist meist Businessenglisch, für das es eigentlich auch deutsche Begriffe gäbe. Da es aber irgendwie eindrucksvoller klingt, wählt man stattdessen die englische Version. Warum noch etwas »nutzen«, wenn man doch schon »leveragen« kann? Wieso so »engagiert«, wenn doch »committed« nach viel mehr klingt? Und »herausfordern« kann jeder, aber wie wär's mal mit »challengen«?

Das letzte Mal, als wir Bullshitbingo spielten, während des All Hands Calls (bei dem der CEO seine sedierenden Business-Botschaften verkündete), war ich es, die als Erste »Bullshit!« rief: Denn mir waren nach nur zehn Minuten fünf Begriffe in der Rede des CEO aufgefallen, die auf meinem Bullshit-Bingo-Blatt standen! Was ich nur leider vergessen hatte: Mein Mikrofon war nicht auf stumm beziehungsweise (Achtung, Bullshit-Begriff!) auf »mute« gestellt. Der CEO unterbrach seine Morgenpredigt abrupt und bat mich, meinen »Concern« bezüglich dem soeben erwähnten »Sell-on mit dem Key-Account-Kunden« verständlich zu artikulieren. Da mir so schnell keine passende Ausrede darauf einfiel, sagte ich bloß: »Sorry, ist mir leider so rausgerutscht. Ich sitze gerade an einer komplexen Excel-Tabelle und versuche, die Makros zu verstehen.« Nach dieser schlecht gelogenen Antwort wurde mir sofort klar, dass ich in Hollywood sicherlich keine Chance gehabt hätte. Und was meine Beraterkarriere anging, so hatte ich mich vielleicht gerade noch gerettet, befand mich aber auf tierisch dünnem Eis.

Hinweis: Anregungen für dein nächstes Bullshit-Bingo findest du im Anhang dieses Buches.

## Statussymbol Sweetheart

Meine Berater-Kolleginnen kannten mich stets als Singlefrau. Und ich zögerte nie, jeder Kollegin mein persönliches Motto mitzuteilen: »Besser zwei Ringe unter den Augen, als einen Ring am Finger!« Besonders gern teilte ich diese Devise mit jenen Kolleginnen, die ein »Sweetheart« hatten. Dies ist des Beraters wertvollstes Statussymbol. Kommt sogar noch vor Rollköfferchen und Vielfliegermeilen. »Sweetheart und ich werden am Wochenende nach Paris fliegen.« Diesen Satz hatte ich in seit meinem Einstieg in die Beratung sehr oft gehört. Anscheinend führte nichts am Sweetheart vorbei. Jede Konversation mit einer Kollegin am Mittagstisch endete über einige Ecken mit Sicherheit bei dem Statussymbol Partner. Der scheint so eine Art Must-have der weiblichen Beraterriege zu sein. Nach dem Motto: »Schaut her – ich schaffe es sogar, nebenbei noch einen Mann bei Laune zu halten!«

»Wenn ihr jetzt am Anfang keinen Partner habt, werdet ihr auch am Ende, wenn ihr hier rausgeht, keinen haben«, hatte man uns in der Einstiegswoche gesagt. Der Spruch hatte offensichtlich Eindruck – oder auch Angst – hinterlassen. Denn die Jungberaterinnen um mich herum führten allen Ernstes digitale Beziehungs-Kalender, in die sie für sich und ihr Sweetheart gemeinsame Termine eintragen. »One Year Anniversary« steht dann im Kalender. Der erste Meilenstein ist geschafft und wird als Quick Win gefeiert. Außerdem wird monatlich der Beziehungsstatus analysiert. Die Updates werden dann in den Ampelfarben Rot-Gelb-Grün in einer Excel-Tabelle festgehalten. Wie beim Performance Monitoring für den Kunden. Nein, vielen Dank. Diesen Stress wollte ich mir lieber nicht auch noch privat geben!

Doch dann dachten meine Projekt-Kolleginnen plötzlich, dass auch ich ein Sweetheart besaß. Das unglückliche Missverständnis kam auf, als ich an einem Wochenende beim Hand-in-Hand-durch-die-Stadt-Schlendern mit meinem Cousin gesichtet

worden war. Am Montag darauf begrüßten mich die KollegInnen im Büro mit hochgezogenen Augenbrauen und wenig dezenten Kussmündern, die signalisierten: Endlich hat auch sie ein Sweetheart an ihrer Seite! Ich ließ sie in diesem heiteren Glauben, da ich es ulkig fand. Sogar meine Chefin brachte aus heiterem Himmel hervor: »Na, dir muss ich aber auch noch einmal die Ohren lang ziehen. Behauptest, du seist Single, und bist es gar nicht!« Meine mir ins Gesicht geschriebene Entgeisterung darüber, dass Liebesglück im 21. Jahrhundert noch immer das Image von Frauen aufbessern konnte, wurde glücklicherweise als Scham fehlgedeutet. »Musst dich doch nicht schämen, Charlie. Hättest du eben nur eher sagen sollen. Gratuliere!«

Nun war ich also in den Kreis stolzer Besitzerinnen eines Sweethearts aufgenommen worden. Daraufhin wäre eigentlich eine Einladung meines Cousins nach Paris als Dankeschön fällig gewesen …

## A Day in the Life of … Oder auch:
## Der Tag der gestressten Beraterin

Es war Montagmorgen und mein Wecker klingelte: 4 Uhr. Zum Glück hatte ich das Taxi schon am Vorabend bestellt sowie die Wäsche aufgehängt und die Spülmaschine geleert. Nur der Koffer musste noch gepackt werden. Doch darin bin ich Meisterin: Jeder Handgriff sitzt, und die Blusen kommen garantiert knitterfrei am Zielort an.

Es hatte einige Wochen gedauert, bis ich meinen Lieblings-Taxifahrer fand. Aber besonders morgens um Viertel vor fünf wusste ich zu schätzen, dass er mich auf dem Rücksitz in Ruhe power-nappen ließ und alle Schleichwege kannte.

Kurz darauf kam ich am Flughafen an. Der Rote-Augen-Flieger ging um 6:30 Uhr. Beim Check-in ließ ich mich vorausschauend auf einen Sitz in der vordersten Reihe platzieren. Dann ist der Weg ins Flugzeug kürzer. Mein Gepäck gab ich kostenlos auf, auch wenn ich es nicht hinzugebucht hatte. Der Trick ist, vorher online zu checken, wie voll das Flugzeug ist und dann, am Schalter stehend, den richtigen Jargon zu benutzen: »Können Sie meinen Koffer bitte flaggen?« Das Wort »flaggen« hatte ich mir einst von einem anderen Vielfliegenden abgeschaut, der in der Schlange vor mir gestanden hatte. Die Bonusmeilen nahm ich natürlich auch noch mit.

In der Schlange zur Sicherheitskontrolle schaute ich mich erst einmal prüfend um: Touristen, Familien und alte Leute stehen ganz oben auf der Liste der zu umgehenden Individuen …

Einige Ohren-Druckausgleiche später befand ich mich »up in the air« im Flugzeug und las die *Bild*. Dafür reichte es morgens um diese Uhrzeit gerade noch. Und schließlich »muss man wissen, was das Volk bewegt«, wie mein Projektkollege zu sagen pflegte. Als Nächstes kam die Flugbegleiterin vorbei und fragte, ob ich einen »süßen oder salzigen Snack« haben möchte. Dieser Standardsatz ging mir mittlerweile schon total auf den Berater-Keks, da ich ihn mir jede Woche erneut anhören durfte.

Im Büro vor Ort beim Kunden angekommen, jagte mal wieder eine Deadline die nächste. Deshalb gab es zum Lunch nur das Laugenbrötchen aus dem Flieger, an dem noch die Serviettenreste hingen. Angespannt verharrte ich den Tag bis zum Nachmittag vorm Laptop. Den Blick dabei starr und gespannt auf den Bildschirm gerichtet, ganz so, als könnten dort jede Sekunde die Lottozahlen der nächsten Wochen erscheinen. Doch stattdessen erstellte ich lediglich Prozessschaubilder oder Projektpläne, die in einigen Tagen ohnehin wieder hinfällig werden würden, weil sich niemand nach ihnen richtete.

Und trotzdem: Während all dieser weltbewegend wichtigen Aufgaben wurde der Stuhl nicht verlassen und unausweichliche Pinkelpausen aufs Nötigste reduziert. Auf Toilette überprüfte ich meinen Po auf Druckstellen vom langen Sitzen: puh – zum Glück noch keine vorhanden!

Gegen frühen Abend war dann die erste Deadline geschafft, schnell holte ich mir mein Fast-Food-Abendessen beim Imbiss um die Ecke, bevor dieser Feierabend machte. Als Nächstes ging es an Deadline Nummer zwei. Um Mitternacht schlurfte ich dann hundemüde ins Hotel, hatte aber natürlich schon die nächste Deadline vom morgigen Tag im Kopf …

## Reise nach Jerusalem

In den meisten Beratungs-Offices sieht es aus wie bei einem Startup, farbenfroh und »playful«, überall stehen Pflanzen, es gibt eine Rutsche, Kickertische und Sitzecken. Außerdem offeriert jede Küchenecke Kaffee auf Knopfdruck und »for free«. Bunte Hocker laden zum Ad-hoc-Meeting ein, Wände und Tische dienen dabei als Fläche, die sich mit Farbstiften bemalen lässt. Für längere Meetings kann man sich im zentralen Raumbuchungssystem einen Raum vormerken. Der hat dann einen einladenden Namen wie »Schlossallee«, »Parkstraße«, »Chiemsee« oder »Jagdhütte«. Vor den Türen hängen statt Namensschildern Tabletcomputer an der Wand, an denen man sich einloggt. Denn der Auftrag an Unternehmensberater ist, innovative Lösungen für Kunden zu erarbeiten, und da hilft es, wenn das Arbeitsumfeld Teamwork und Kreativität fördert.

Schade nur, dass Berater unter der Woche gar nicht im eigenen Office, sondern beim Kunden sind. Hier ist das Umfeld meist nicht mehr so modern. Zumindest was die Einrichtung betrifft, die Arbeitsstrukturen sind es schon eher. Doch davon merken Berater dann wieder nichts. Gleitzeit, Teilzeit, Home Office – gilt für sie alles nicht. Doch eines haben fast alle Kunden, allein aus Kostengründen, für sich entdeckt: Hot Desking. Niemand hat mehr einen eigenen Schreibtisch, so soll auch das Teamwork verbessert werden. Die Strategie korrespondiert mit der Offenheit und Transparenz, die zur Ideologie geworden zu sein scheint. Aber auch damit, dass immer mehr freie Berater, Freelancer und Home-Worker beschäftigt werden.

Auf der Suche nach einem verfügbaren Hot Desk zieht man dann von einem Tisch zum nächsten. Das verwickelt zwangsläufig in unspannende Gespräche darüber, an welchen Tagen Kollege Meier für gewöhnlich im Büro auftaucht und an welchen wiederum nicht. Doch die Information ist wichtig, denn sie ermöglicht es einem, schließlich einen Sitzplatz zu ergattern.

Hat man sich gerade eingerichtet, die Krümel vom Schreibtisch gewischt und die Maus und Tastatur desinfiziert, trudelt Kollege Meier unvorhergesehen doch noch ein. Wie ein staatenloser Geflüchteter, der aus der Organisationsfamilie ausgeschlossen wurde und bestenfalls als Waisenkind geduldet wird, muss man dann den Platz räumen. Dabei stolpert man noch über die lose herumliegenden Kabel, die der letzte Hot-Desk-Nutzer im Chaos hinterlassen hat.

Mit Laptop und Tasche in der einen, der Tasse Kaffee in der anderen Hand, zieht man von dannen und steht wenig später ratlos im Open Office, auf der Suche nach einem freien Schreibtisch.

Neuer Desk, neues Glück. Und wieder: Der Ekel vor der versifften Tastatur lässt einen sofort zu den Desinfektionstüchern greifen. So spart sich die Firma dann auch die Reinigungskosten. Stelle einfach Packungen mit Desinfektionstüchern bereit und führe Hot Desks ein, und jeder Zweite wird sich freiwillig der Tischreinigung annehmen! Oder man zieht ganz einfach die Ärmel lang, um nicht mit den Unterarmen den Tisch berühren zu müssen.

Noch schwieriger wird es, als zehnköpfiges Projektteam beim Kunden einen geeigneten Arbeitsraum zu finden. Dankbar nimmt man mit dem Raum vorlieb, der normalerweise für die Hälfte an Personen gedacht ist. Um den besten Sitzplatz zu ergattern, kommen alle im Team so früh wie möglich. Beim Frühstück im Hotel steckt man sich bloß schnell noch den Joghurt und die Banane in die Tasche und nimmt das nächstmögliche Taxi zum Kunden. Wer am Morgen nämlich zuletzt kommt, sitzt schon mal auf der Fensterbank. Doch man sollte sich glücklich schätzen, wenn es überhaupt ein Fenster gibt. Der Druckerraum im Keller ist die freudlose und von Unternehmensberatern gefürchtete Alternative.

Manchmal wünschte ich, alles wäre wieder wie früher: Jeder hat seinen festen Schreibtisch und eigenen Sitzplatz, und Meetingräume sind wieder logisch durchnummeriert. Vielleicht hätten Berater dann auch Zeit, wirklich kreativ zu werden, und würden nicht den Tag damit verbringen, Reise nach Jerusalem zu spielen!

## Diverse Vorteile

Als ich aufwuchs, bestand gesellschaftliche Vielfalt für mich lediglich darin, dass sich meine Freunde durch das Muster ihres Eastpak-Rucksacks unterschieden. Ich wusste zwar, dass viele Türken gerne auf Sonnenblumenkernen kauten und dass mir chinesisches Essen gut schmeckte. Doch so richtig kam ich mit anderen Kulturen nie in Berührung. Denn selbst die Türken in Deutschland waren, dort wo ich aufwuchs, irgendwie ziemlich deutsch: Sie gingen mit dem Hund ums Feld spazieren und fuhren am Wochenende zu Ikea.

In meinem Kindergarten im kleinen Vorort vom Vorort gab es einen einzigen ausländischen Jungen. In der Grundschule hatte ich ebenfalls nur ein ausländisches Kind in der Klasse, es war derselbe Junge. Er war Türke, sprach perfekt Deutsch und hieß Hassan, wir aber nannten ihn Hannes, weil er immer im Deutschlandtrikot herumlief und seine Familie einen Schäferhund hatte. Leider kann ich nicht mal mehr behaupten, dass wir dies etwa aus ironischer Absicht heraus taten. Stattdessen lag es rein in unserer kindlichen Ignoranz und dem Unwissen über andere Kulturen begründet.

Kein Wunder also, dass ich das erste dunkelhäutige Mädchen, das ich mit 14 Jahren kennenlernte, wie in einem schlechten Hollywoodfilm fragte, ob ihre Haut eigentlich nach Schokomousse schmecke. Zum Glück nahm sie es locker und fragte zurück, ob ich denn nach Vanillecreme schmecke. Und so saßen wir im Bus, auf dem Weg zur Schule, fuhren durch den Vorort des Vororts, und leckten einander am Arm.

Das mit der Diversität ist in meinem Leben heute anders. Vor allem als ich im Jahr 2015 beruflich nach London zog, änderte sich einiges schlagartig. Es war ein ungewohntes Gefühl, als deutsche Kartoffel in London plötzlich zur Minderheit zu gehören: Wenn ich mich im Zug auf dem Weg zur Arbeit umblickte, sah ich Frauen aus Nigeria, die bunte Kaftane trugen und künstliche Haare eingeflochten hatten. Daneben ein jüdischer Mann, der einen überdimensional großen Hut und dessen Frau eine koschere Perücke trug. Bei der Arbeit saß ein Sikh neben mir, der einen Turban mit Knoten auf dem Kopf hatte. In einer Großstadt mit internationalem Flair geht es eben anders zu als in der Provinz.

Und egal was du trägst, auf Londons Straßen interessiert es einfach niemanden, wie du herumläufst. Du kannst dich frei bewegen und fühlst dich von deinen Mitmenschen nicht verurteilt. Anonymität und persönliche Freiheit wird hier auf ein neues Level gehoben. Wer einmal mit Londons U-Bahn, der Tube, gefahren ist, der weiß, dass man eines strengstens vermeidet: Augenkontakt zu den anderen Mitfahrern aufzunehmen. Leben und leben lassen – das scheint hier das ungeschriebene Gesetz zu sein.

Bei Unternehmensberatungen ist das mit der Diversität hingegen so eine Sache. Consultants gelten allgemein eher als aalglatt und angepasst. Kein Wunder, denn im Onboarding-Dokument, das jeder Consultant zu Beginn eines neuen Projekts erhält, steht immer auch der Dresscode für das jeweilige Projekt fett hervorgehoben: Gedeckte Farben und ein dezenter Stil sind angesagt. Raum für Vielfalt gibt es zumindest äußerlich also keinen. Auffällig ist zudem, dass sich in deutschen Unternehmensberatungen überdurchschnittlich viele »Biodeutsche« tummeln. Man findet zwar immer mal wieder einen »Quoten-Asiaten« dazwischen, aber wo sind beispielsweise die Türken, die schon längst einen wesentlichen Teil unserer Gesellschaft ausmachen? Ein Mann namens Mohammed bewirbt sich? »Wir haben schon einen Mohammed im Team.« – Solche Konversationen kommen tatsächlich vor …

Dabei zeigen einschlägige Studien, dass Innovation und Kreativität insbesondere dort entstehen, wo Vielfalt und Andersartigkeit herrschen. Und zumindest die größeren Beratungshäuser setzen seit einiger Zeit bewusst auf Diversität in der Hoffnung, dass diese zu hoch-performanten Beraterteams führt und dass durch die vielfältigen Sichtweisen besser auf Kundenwünsche eingegangen werden kann. Und so locken sie auf ihren Websites: »Egal, ob du Kunst, Chemie oder Psychologie studiert hast – wir fördern die interdisziplinäre Zusammenarbeit und Lösungsfindung jenseits des Mainstreams.«

Bleibt zu hoffen, dass sich die Diversität in dieser Branche weiter durchsetzt. Denn Schokomousse sieht zusammen mit Vanillecreme doch gleich viel besser aus, und Sonnenblumenkerne bringen ohnehin mehr Eiweiß als ein Schnitzel.

### Spielst du schon oder arbeitest du noch?

Es war wieder mal Ostern und meine Familie packte das Monopoly-Spiel aus. Das ist Tradition im Hause Kant. Und ich bekomme jedes Mal dieselbe Rolle zugewiesen wie schon als Kind: Ich darf die Bank spielen. Nicht etwa, weil meine Familie bei mir schon früh das Talent festgestellt hat, gewissenhaft und raffiniert mit Geld umzugehen, sondern weil ich sonst während des Spiels einschlafen würde. Nur dank meiner Mutter denke ich daran, mein Eigentum zu mehren: »Oh, die Turmstraße, Charlie, die musst du kaufen!«, dann würfele ich und meine Schwester schiebt meine Figur für mich über Los, ich stecke mir selbst die 4000 Tacken in die Tasche und werde als Nächstes daran erinnert, die Mieten von Leuten einzufordern.

So werde ich auch heute noch durch das Spiel getragen. Es ist einfach zu durchschaubar, und ab einem bestimmten Punkt ist es dann ohnehin immer klar, wer gewinnen wird. Sobald die Straßen verkauft sind und erste Häuser gebaut werden, ist es entschieden.

Nicht ganz so offensichtlich wie bei Monopoly sind die Spielregeln im Business. Aber ich sträubte mich mindestens genauso sehr gegen sie. Denn: Gäbe es die zwischenmenschlichen Spielchen nicht und fokussierten wir uns bloß auf unsere Arbeit, wären wir viel effizienter in dem, was wir tun!

Doch dann besuchte ich ein Female Leadership Event meiner Beratungsfirma. Die Rednerin, Chief Information Officer (CIO) eines globalen Modelabels, sagte den entscheidenden Satz: »You can't win it, unless you're in it!« Natürlich war das Spiel gemeint. »Welches Spiel eigentlich?«, fragte mich meine Freundin, als ich ihr davon berichtete. Und das war eine gute Frage, denn wenn man selbst noch an keinem »Spiel« teilgenommen hat, dann kommt einem das Ganze sehr fremd vor. Aber es ist, wie die CIO sagte: Wenn man nicht am Spiel teilnimmt, ist man draußen. Man verbaut sich selbst die Chancen auf Bonus und Beförderung. Also beschloss ich, ab sofort eben mitzuspielen.

Um die Spielregeln erst einmal richtig zu erlernen, kaufte ich mir auch die entsprechenden Bücher. Eines hieß *Spiele der Erwachsenen* – klingt wie ein Sex-Ratgeber für Untervögelte, ist aber ein zeitloser Klassiker, wenn es um die Psychologie zwischenmenschlicher Beziehungen geht. Bei dem nächsten Buch ging es um *NLP for Business*, der Geheimwaffe vieler Hobby-Psychologen im Consulting, da das Neuro-Linguistische Programmieren (NLP) angeblich verrät, wie man die Motive anderer Menschen erkennt und sie subtil manipuliert. Und das letzte Buch hieß *Nice Girls*

*Don't Get The Corner Office* – als ich den Titel zum ersten Mal las, wusste ich nicht mal mehr, dass ein Eckbüro etwas Erstrebenswertes ist. Aber das gehört heute genauso zum Chefstatus wie der Mahagoni-Schreibtisch, der Armlehnstuhl und der 60-Zoll-Full-HD-Screen an der Wand.

Die drei Bücher gaben hervorragende Tipps her für mich als Beraterin. Und mein erstes großes Spiel ließ nicht lange auf sich warten: Der Kunde, den ich mittlerweile lieb gewonnen hatte, bot mir eine Verlängerung meiner Rolle auf dem Projekt an. Ob ich damit einverstanden und in den kommenden Monaten noch verfügbar sei, wollte der Kunde wissen. Ich wusste bereits, dass ich für ein Projekt bei einem anderen Kunden eingeplant war. Aber ich log, um den Job zu bekommen und eine Extension an Land zu ziehen. Immerhin war es eine dreimonatige Verlängerung meiner Rolle, die bei einem Tagessatz von 1000 Euro eine gute Summe abgab. Nicht zu vergessen, was das für meine Chancen auf eine Beförderung bedeutete …

»Du hast alles richtig gemacht, Charlie. Der Kunde kennt das Spiel«, versicherte mir mein Projektleiter. »Denn wir versprechen dem Kunden lediglich einen Consultant auf demselben Level, nicht aber eine bestimmte Person. Der Kunde kauft schließlich eine personenunabhängige Leistung.«

Und trotzdem hatte ich seit diesem Tag ein schlechtes Gewissen, weil ich gelogen hatte. Aber so war nun mal das Spiel. Bekomme ich jetzt wenigstens mein Eckbüro?


## VIP


Ich hatte in London eine anstrengende Arbeitswoche hinter mir, inklusive zweier All-nighter für das Kunden-Proposal, an dem wir gerade arbeiteten. Um den Kopf frei zu kriegen, nahm ich mir vor, am Wochenende clubben zu gehen. Das Mason House stand auf dem Plan. Alle sprachen davon, ich musste es also unbedingt ausprobieren. Schon einmal vorweg: Das Erlebnis war kafkaesk!

Der Spaß fing draußen in der Schlange vorm Club an. Bussi links und Bussi rechts auf die Wange des Promoters, der einen angeblich problemlos und kostenfrei in den VIP-Bereich des Clubs bringen soll. Und schon zieht man vorbei an den Besuchern zweiter und dritter Klasse – jene, die gar nicht oder mit sehr viel Wartezeit in den Club kommen werden. Drinnen wird man als Frau dann direkt bis vor den Eingang des VIP-Bereichs begleitet. Dort wird ein Blick auf die Liste – oder alternativ auf die Brüste – geworfen, und wer lucky ist, kommt rein. Wie Hühner wird man in den VIP-Stall geschoben und an die Tische verteilt. Dort warten die Männer auf die Eye-Candy- und Gold-Digger-Damen, die das Spiel gut kennen: Drinks for free für die Ladies und Flirts for free für die Gents. An der Chanel-Handtasche erkennt man(n), welche Gold-Digger-Dame noch mehr zu bieten hat, dann allerdings nicht mehr for free.

Wessen Nase dem Bouncer noch nicht gleich gefällt, der bekommt eine zweite Chance am anderen VIP-Eingang. Aber egal ob im VIP-Bereich oder davor, Botox und Schönheits-OPs scheinen sich die Besucherinnen in beiden Areas leisten zu können. Und außerdem andere Dinge für die Nase: Auf der Toilette bat uns die Reinigungsfrau um ein Bestechungsgeld, als sie annahm, wir wollten zu zweit in eine Kabine gehen. Wir verstanden ihren Geschäftssinn, gingen jedoch getrennt – und tatsächlich nur zum Pinkeln, nicht zum »Nasepudern« – aufs Klo. Zurück im VIP-Bereich ließen wir uns von der exklusiven Atmosphäre nicht blenden und tanzten die ganze Nacht durch.

Nach diesem Wochenende voller neuer Eindrücke, bei denen ich noch nicht sicher war, wie ich sie einzuordnen hatte, war ich am Montag beinahe froh, wieder zur Arbeit zu gehen. Auch wenn die Angebotspräsentation für den Kunden bevorstand. Denn ich wusste: Wir wollten das neue Projekt gewinnen, um einen Fuß in die Tür dieses potenziellen Großkunden zu bekommen. Dazu mussten wir jedoch erst einmal ein präsentables Slide-Deck fertigstellen und es auf die Shortlist des Kunden schaffen.

Auf Listen kommen – damit kannte ich mich jetzt nach diesem Party-Wochenende aus. Und mir fiel auf, die Auswahl der Very Important People in der Beratungsbranche basiert auf ganz ähnlichen Kriterien wie in Londoner Clubs: Die richtigen Leute kennen ist ein Muss, Intelligenz hilft in jedem Fall, und gutes Aussehen kann nicht schaden.

## Houston, wir haben eine Challenge!

Schon einmal von »Challenges« gehört? Oder hast du etwa noch »Probleme«? Unternehmensberater jedenfalls haben keine mehr. Sie umschreiben die roten Zahlen und andere Missstände ihrer Kunden lieber als Challenges – Herausforderungen. Denn diese lassen sich im Gegensatz zu Problemen leichter überwinden. Man geht dann gleich viel optimistischer an die Sache heran, da es nicht ganz so unlösbar klingt wie ein Problem.

Doch als Unternehmensberaterin gerät man auch mal in Situationen, in denen einem nicht mehr klar ist, ob man es noch mit einer Herausforderung oder doch schon mit einem Problem zu tun hat. Es war Montag, eigentlich wollten mein Projektleiter und ich nur ein Feierabendbier trinken, schon befanden wir uns auf dem Konversations-Glatteis, denn er gestand mir: »Meine Frau zeigt mir im Bett einfach nicht die Leidenschaft, die ich brauche. Deshalb betrüge ich sie ... nun schon seit zehn Jahren. Meist mit Kolleginnen.«

Das Geständnis war zu ungewöhnlich, um mit ihm wie eine abgebrühte Unternehmensberaterin zu verfahren. Zu aufdringlich, um ihm mit Indifferenz entgegenzutreten. Es war ein ... Problem!

Einer meiner Lieblingsfilme ist *Apollo 13*. Ich habe ihn schon etwa 15-mal angeschaut, und es wird einfach nie langweilig. Zum

Glück habe ich nämlich filmspezifisch ein Gedächtnis wie eine Eintagsfliege und vergesse immer, wie Filme enden. Bei *Apollo 13* weiß ich zwar, es geht bei der Raumfahrtmission letztlich doch alles gut, aber die Details sind immer wieder neu für mich. Außer diesem hier: Nach der Explosion eines Sauerstofftanks meldet Kapselpilot Swigert über Funk, dass es ein Problem gibt. Das Kontrollzentrum, überrascht von der unguten Nachricht, bittet um Wiederholung der Aussage. Swigert meldet noch einmal. Dann werden Details ausgetauscht, eine Lösung wird in die Wege geleitet – und das alles über Funk, im Hin und Her der Kommunikation!

Deshalb mache auch ich es immer so: Wenn ich nicht auf eine Nachricht zu reagieren weiß, bitte ich um Wiederholung und verschaffe mir damit Zeit zum Denken. Bei unserem Gespräch fragte ich den Projekteiter also, ob er das Problem wiederholen könne. Er sagte: »Ach, ist nicht so wichtig, eigentlich ist es kein Problem, eher eine Herausforderung.« Na, da war ich aber beruhigt!

## Challenge Accepted

Meistens handeln die Artikel in einschlägigen Männer- und Frauenzeitschriften davon, wie man das jeweils andere Geschlecht beeindrucken und bezirzen kann. Sie beschreiben, welche Mode man unbedingt tragen sollte, wie man seinen Body optimal in Form bringt und welche Tricks und Kniffe es gibt, denen ganz bestimmt niemand widerstehen wird.

Nachdem mein älterer Kollege mir, zwar durch die Blume aber dennoch deutlich genug, Avancen gemacht hatte, und ich mit ihm alleine auf dem Kundenprojekt war, wusste ich: Es ist an der Zeit, mir Gedanken über den gegenteiligen Fall zu machen. Wie werde ich jemanden wieder los? Und zwar ASAP – as soon as possible. Natürlich hätte ich mich auch an unsere Personalabteilung wenden können. Ich wäre sofort vom Projekt genommen und nach meinen Wünschen versetzt worden. Doch will man als junge Frau, die neu in der Firma ist, gleich so auf sich aufmerksam machen?

Stattdessen entschied ich: Die Challenge ist accepted! Ab sofort trug ich keinerlei Parfum mehr und benutzte ausschließlich Deodorant mit 0 % Parfum-Anteil, um jedweder olphaktorischen Anziehung vorzubeugen. Auch der Dress-Code wurde angepasst: Ich trug keine Röcke und keine auch nur ansatzweise dekolletierten Oberteile mehr. Stattdessen formlose, sackartige Klamotten, die mindestens eine Nummer zu groß waren. Der obligatorische Augenkontakt bei der Arbeit wurde auf maximal drei Sekunden limitiert und jeder Körperkontakt strengstens vermieden. Jede Geste, die potenziell missverstanden werden könnte, sollte unterbunden werden. Auch die gemeinsamen Abendessen wurden mit Ausreden wie »Ich bin auf Diät« oder unter dem Vorwand von Telefonaten mit meinem imaginären Boyfriend umgangen. Das Hotelfrühstück hielt ich so kurz wie möglich und so lang wie nötig, um meine zwei Scheiben Toast, das Rührei und die englischen Bohnen herunterzuschlingen.

Nach ein paar Wochen konnte ich mich schließlich aus der Deckung wagen, denn mein Projektkollege hatte endlich ein Date. Seine neue Bekanntschaft hatte er auf einer Online-Plattform kennengelernt, und er bekundete stolz, dass sie sogar drei Jahre älter sei als er. »Reife hat auch etwas«, hörte ich ihn zu mir beim Mittagessen sagen. Ich würgte indes eilig die Spaghetti hinunter, um die Dauer des Gesprächs zu verkürzen und zu verhindern, dass ich mir auch noch Folgendes anhören musste: »I had the time of my life last night!«

Am nächsten Morgen kam mein Kollege dann geheimniskrämerisch und auf Zehenspitzen das Treppenhaus im Hotel heruntergelaufen und gab den Champagner-Kühler an der Hotelbar ab. Ein schelmisches Grinsen seinerseits verriet mir: Er hatte auch gestern wieder »the time of his life«. Kurz darauf im Auto auf dem Weg zum Kunden erklärte er mir, dass er es nur so die vielen Jahre als Berater ausgehalten habe. Man müsse sich halt etwas schaffen, dass es erträglich mache.

Im nächsten Atemzug lud er mich ein, mit ihm und seiner Affäre am Abend zu einem Saunagang ins Hotel-Spa zu kommen. Diese Challenge jedoch ersparte ich mir, und das Erste, was ich am Abend im Hotel tat, um es mir erträglicher zu machen: Ich cancelte meine Hotelzimmerreservierung für die nächsten Wochen und wechselte in ein anderes Hotel in der Stadt. Ich hoffte, damit war die Challenge completed.

## Dynamisch, erfolgreich, spaßorientiert

Da unsere Firma die Anschaffung eines eigenen PKW großzügig unterstützte, nahm ich mir vor: Ich werde mir ein Auto zulegen. Deshalb fing ich, ganz Berater-like, schon einmal an, die Optionen zu identifizieren und das damit einhergehende Image zu analysieren. Meine erste Feststellung war: Mit Auto und Besitzer ist das ähnlich wie mit Hund und Herrchen bzw. Frauchen: Zeig mir, welchen Wagen du fährst, und ich sag dir, wer du bist!

Ein Volvo zum Beispiel ist wie ein Schweizer Taschenmesser auf Rädern. Meine Eltern, die früher einen V70 fuhren, sagten immer, die Volvo-Fahrer wüssten, weshalb sie diese Marke fuhren: Wegen der Sicherheit, der Zuverlässigkeit und aus Bescheidenheit. Mir wäre der Volvo heute, glaube ich, dennoch etwas zu unsexy. Er passte gut zu meiner damals Sack-Klamotten- und Jutebeutel-tragenden Mutter sowie zu meinem Vater, der im Sommer bevorzugt mit freiem Oberkörper, Fluppe im Mund und Sonnenbrille mit hochklappbaren Gläsern seine Runden drehte. Michael Jacksons Album *Dangerous* wurde bis zum Anschlag aufgedreht, und der Manta-Arm lehnte lässig aus dem Fenster. Peinlicher ging es doch kaum! Und ich fragte mich, ob Volvo dieses Image jemals wieder los wird. Unwahrscheinlich, zumindest in meiner Vorstellung.

Mein Projektleiter war jedoch nicht viel besser: Er hatte, wie er stolz kundtat, jede *Auto Express*-Zeitschrift der letzten fünf Jahre studiert und sich dann für die Kategorie »Dynamisch, erfolgreich und spaßorientiert« entschieden, also für einen BMW M6 Gran Coupé. Spätestens als ich das erfuhr, war ich endgültig unentschlossen, welcher Auto-Typ ich sein wollte. Derselbe Kollege verhielt sich nämlich erschreckend übereinstimmend mit der Kategorie seines Gefährts: Jeden Abend, wenn er und ich unsere Sachen beim Kunden zusammenpackten, machte er daraus ein Wettrennen. Vom Platz gegenüber hinter dem Monitor hörte ich hektisches Reißverschluss-Zurren, und dann stand er mit betont wartendem Blick an der Tür und sagte ganz dynamisch: »Erster!« Ich machte mir indes einen Spaß daraus, noch einmal »eben schnell etwas zur Küche« zu bringen und ihn eine Runde warten zu lassen. Am Morgen beim Frühstücken ging es dann weiter: Er packte die Lauf-App aus, der gelungene 20k-Run vom Vorabend wurde nachvollzogen und die Cardio-Werte kundgetan. Stieß ein weiterer Kollege hinzu, wurde dieselbe Geschichte nochmals aufgerollt.

Ich machte da lieber nicht mit, war mir zu simpel. Ich weiß, dass ich genug PS unter der Haube habe, und muss das nicht laut mitteilen. Dafür hielt ich dann gerne dagegen, dass ich am Vorabend eine Maxi-Pizza im Bett verdrückt und dabei meine Lieblingsserie geschaut hatte. Diese Loser-Story würdigte mein Kollege lieber keines Kommentars. Einen Mangel an Spaßorientierung konnte man meinem Projektleiter dann aber doch nicht vorwerfen: Die offenherzige Kellnerin beim Italiener um die Ecke des Hotels erzählte mir, dass mein »Bekannter gestern mit seiner Frau« hier gewesen sei und sie sich »köstlich amüsiert« hätten. Witzigerweise wusste ich, dass die Frau meines Kollegen kilometerweit entfernt zu Hause saß und dass die andere Frau seine Geliebte war.

Volvo und BMW waren also aus dem Rennen. Aber welches Fabrikat sollte es dann werden? Ich gab »Auto Sprüche« bei Google ein, vielleicht würde mir das bei der Entscheidung ja weiterhelfen. Ich fand: »Mercedes: so fossil wie sein Antrieb« – lieber nicht! »Ein Wagen für das ganze Volk – der Volkswagen« – mir zu alltäglich, es sollte schon etwas Besonderes sein. »Audi: Vorsprung durch Technik« – zu kompliziert, im Falle einer Panne wäre ich heillos überfordert. Dann lieber »Fiat: arm, aber sexy« – ach nein, so könnte ich doch nicht beim Kunden vorfahren.

Irgendwann war ich von der Autosuche so genervt, dass ich mich für das in dieser Situation einzig sinnvolle Fortbewegungsmittel entschied, auch wenn es für Berater eher untypisch ist – das Fahrrad. Und ich fand: Auch hierzu passt das Motto »Dynamisch, erfolgreich und spaßorientiert« ganz hervorragend!

## Petit Fours, Nippel und Peitschen-Apps

Manche sagen ja: Herrschte auf der Welt ein Matriarchat, ginge es allgemein friedlicher zu. Es gäbe weniger Kriege, weniger Gewalt und insbesondere weniger sexuelle Übergriffe am Arbeitsplatz. Ich sage: Ich bin mir da nicht so sicher. Denn in den vergangenen Jahren habe ich mindestens genau so viele Frauen wie Männer kennengelernt, die Macht und Sex nicht auseinanderhalten konnten.

Auch Maren Ades Film Toni Erdmann, damals sogar für einen Oscar nominiert, thematisiert diese Vermischung: Die Unternehmensberaterin Ines und der ihr unterstellte Kollege Tim haben eine Affäre. Sie treffen sich im Hotelzimmer, und Tim erzählt Ines, dass der gemeinsame Vorgesetzte die Bemerkung fallen gelassen habe, dass Ines durch zu viel Sex mit Tim ihren »Biss« verlieren würde. Auf diese sexistische Bemerkung hin verweigert sie Tim den Sex, lässt ihn stattdessen auf Petit Fours ejakulieren und rächt sich so an ihm. Um keinen Zweifel an ihrem Biss aufkommen zu

lassen, verspeist sie hinterher noch das Petit Four, allerdings ein
sauberes. Klingt unanständig, geschmacklos, vulgär? Kommt nur
im Film vor?

Mein Beraterkollege erzählte mir von einem Erlebnis der besonderen Art, das er mit unserer Hauptansprechpartnerin auf
Kundenseite hatte. Die Begegnung geschah an einem Abend kurz
nach Projektstart, an dem alle Projektmitglieder in einer Bar zu-
sammentrafen, um auf eine gute Zusammenarbeit anzustoßen.
Gegen Ende des Abends näherte sich die Kundin meinem Kollegen, der rund zwanzig Jahre jünger war als sie. Sie ging direkt
auf ihn zu, schaute ihm dabei tief in die Augen und sagte: »You
are coming home with me tonight!« Als Nächstes ließ die Kundin
ihren Kopf auf seine Brust fallen und – den Rest hätte auch Maren
Ade nicht besser schreiben können – begann an der Brustwarze
meines Kollegen zu knabbern! Bis der Chef unserer Kundin da-
zwischenging und die peinliche Szene beendete. Am nächsten Tag
vertraute sich der betroffene Kollege unserer Projektleiterin an.
Diese sagte dazu allerdings bloß: »Ist doch super. Dieser Vertrag
ist uns für die nächsten Jahre sicher.«

Ein weiteres Beispiel gefällig? Ich habe noch einige in petto,
denn Dinge wie diese ereignen sich in regelmäßigen Abständen.
Man muss nur an der Oberfläche kratzen, und sie treten zum Vor-
schein. Oder man sitzt ganz einfach am Mittagstisch in der Kundenkantine, und die Kollegin holt ungefragt die Peitschen-App
heraus. Aber der Reihe nach: Auf einem meiner Projekte versuchte
eine Senior-Beraterin, einen jungen, gut aussehenden Kollegen
aufs Projekt zu holen. Sie hatte ihn ins Visier genommen und teilte
uns dies offen mit: Sie werde ihm zeigen, »wo der Hammer hängt«.
Diese Aussage untermalte sie mit einem knallenden Peitschen-Ge-
räusch, das aus ihrem iPhone kam, und einer Geste, als würde sie
den Kollegen auspeitschen. Den Leuten am Nachbartisch in der
Kundenkantine muss die Salzkartoffel im Hals stecken geblieben
sein. Ich erinnere mich aber nicht mehr daran, denn ich war zu

sehr damit beschäftigt, vor lauter Fremdscham im Boden zu versinken.

Ich konnte mir immer sicher sein: Die nächste unangebrachte Situation wird nicht all zu lange auf sich warten lassen. Und hierfür legte ich mir schon einmal ein passendes Zitat von Arthur Schopenhauer bereit, das solch ein Verhalten nicht besser zusammenfassen könnte: »Die Genitalien sind der Resonanzboden des Gehirns.«

## Peinliche Momente

Wieso gehört Scham eigentlich nicht zu den sechs Basisemotionen des Menschen? Wenn es danach ginge, welche Emotion ich am häufigsten verspüre, würde Schamgefühl bei mir mindestens an dritter Stelle stehen! Noch vor Wut, Trauer, Überraschung und Angst und genau hinter Freude und Ekel. Wobei ich bisher noch keine Strichliste geführt habe, wie oft ich im Schnitt pro Monat das schimmelnde Toastbrot oder das Basilikum-Pesto im Glas mit wachsendem Eigenleben aus meinem Kühlschrank in den Müll verfrachten musste. Manche Produkte sind aber auch einfach nicht Unternehmensberater-tauglich. Gäbe es eine Milch, auf der steht »Hält auf jeden Fall bis zum nächsten Wochenende«, hätte ich sie sofort gekauft! Das wöchentliche Unterwegssein hilft nämlich nicht gerade dabei, nachhaltig zu haushalten.

Doch ich schweife ab – was ich damit eigentlich sagen will, ist, dass ich mich wirklich oft ekle. Und trotzdem behaupte ich, dass es wahrscheinlicher ist, sich im Alltag zu schämen als sich zu ekeln. Besonders im Berufsalltag. Sprichwörtlich heißt es ja, dass man in solchen Momenten »im Erdboden versinken« möchte. Ich will das auch, ganz besonders hinterher. Doch da tut sich verdammt noch mal nie etwas auf. In solchen Momenten der Scham nehme ich mir jedes Mal wieder vor: Ab jetzt werde ich einen Spaten mit mir herumtragen.

Ein besonders intensives Erlebnis brannte sich tief in mein episodisches Gedächtnis ein. Kurz gesagt: Ich verpatzte eine wichtige Kundenpräsentation. Noch Tage später spielte ich die peinliche Situation in meinem Kopf immer und immer wieder durch. Schließlich versuchte ich mir zu verbieten, an das Erlebnis zu denken. Das klappte dann ganz toll, in etwa so wie wenn man sich verbietet, an seinen Ex zu denken. Irgendwann redete ich mir ein, dass es doch gar nicht so schlimm sei. In Afrika leiden Kinder an Hunger und Armut, und ich mache mir über so etwas Unwichtiges Gedanken?! »Ach, Schwamm drüber!«, befahl ich mir und machte verstärkend mit der Hand eine abwinkende Bewegung. In solchen Momenten kommt dann wohl die Digital Native durch – insgeheim hoffe ich, den störenden Gedanken einfach von der Bildfläche wischen zu können. Doch nicht immer gelingt es mir, Momente der Scham zu verdrängen.

Selbst in der Sauna meines Fitness-Centers schaffte ich es nicht, das Ereignis auszublenden. Dabei kann der Mensch hier noch Mensch sein, ohne sich über Leistung zu identifizieren. Natürlich gibt es auch hier welche, die sich daran messen, wer am längsten in der Sauna bleiben kann, aber da mache ich nicht mit. Ich saß also lieber da und dachte in Ruhe nach. Bis ich begann, … mich doch zu schämen. Denn meine Gedanken blieben bei besagtem peinlichen Erlebnis hängen:

Ich war neu auf dem Projekt und in der Teamleiterrolle. Es gab direkt in der ersten Woche eine Roadshow, bei der in der Pause alle wichtigen Leute beisammenstanden und Häppchen aßen. Selbstbewusst stellte ich mich in die Runde dazu, in der unser wichtigster Kunde stand – Bereichsleiter und Direct Report an den CEO. Ich hatte mir so ganz leger eines der belegten Gurken-Schinken-Häppchen mit einer Serviette auf die Hand genommen. Ich stand also da und biss vom Canapé ab, während die Herren in der

Runde sich unterhielten. Beim ersten Biss merkte ich, dass es eine riesige Scheibe Schinken war, die im Ganzen darauf drapiert war. Von der Scheibe etwas abzubeißen klappte nicht, also versuchte ich, die komplette Scheibe irgendwie unauffällig in meinen Mund zu schieben und dabei nichts von dem restlichen Belag herunterfallen zu lassen. Es muss schlimm ausgesehen haben, denn der Bereichsleiter beobachtete mich mit angewidertem Blick und sagte dann laut: »Das kann ich ja gar nicht mit ansehen, hier, nehmen Sie mal einen Teller!«, und reichte mir einen Teller vom Buffettisch herüber.

Doch damit nicht genug. Bei der anschließenden Roadshow passierte das große Unglück: Ich stolperte über den Kabelsalat am Boden und kippte meinen heißen Kaffee über den Laptop eines zukünftigen Kollegen. Einen besseren ersten Eindruck kann man sich nicht wünschen.

Dass ich nicht sofort vom Projekt genommen wurde, war nur ein kleiner Trost. Der Weg den Flur entlang, vorbei an den Leuten, die bei der Roadshow dabei gewesen waren, hin zu meinem neuen Arbeitsplatz war seit dem Tag mein täglicher »Walk of shame«.

In solchen Zeiten wünsche ich mir, ich wäre wieder ein Jahr alt und hätte keine Ahnung, was Scham eigentlich bedeutet. Denn sich schämen zu lernen ist ein langwieriger Prozess. Eine Art soziales Reifen. Und anders als bei den Basisemotionen wird nicht das limbische System, das von Beginn an in uns angelegt ist, aktiviert, sondern der orbitofrontale Cortex, der sogenannte Stirnlappen. Vielleicht sollte ich zurück an die Uni gehen und Neuropsychologie vertiefen, um zu erforschen, wie man den blöden Stirnlappen austricksen und ruhigstellen kann. Wobei das Jahre dauern würde. Vielleicht könnte ich stattdessen einfach aufhören, peinliche Dinge zu tun. Die passieren mir nämlich ständig, zum Beispiel wenn ich denke, einen Witz zu machen, und niemand lacht. Oder wenn ich nicht beabsichtige, einen Witz zu machen, und alle lachen.

Doch zum Glück sind die Mitmenschen ja teils gnädig, und ein hochrotes Gesicht plus ein gesenkter Blick lassen sie schnell verstummen. Demutsgesten stimmen die Menschen milde.

Übrigens fand immerhin der Tag in der Sauna doch noch ein lustiges Ende. Gerade als ich wieder an dem Punkt angelangt war, mir über das verschwitzte Gesicht zu wischen, um meine unangenehmen Gedanken zu verdrängen, da stand eine Frau neben mir in der Sauna auf, und ich entdeckte an ihrem Po einen langen Fetzen Toilettenpapier herunterhängen. Ich überlegte kurz, ob ich es ihr sage. Aber ich tat es nicht, denn ich hatte frei, ich musste niemanden beraten und niemandem behilflich sein. Ich fand: Es darf sich ruhig auch einmal wer anderes blamieren.

## High Heels, High Goals?

»We've been writing love letters to our own prison guards«, schreibt eine Autorin im Online-Magazin *The Independent* über das Verhältnis von Frauen zu High Heels. Klingt nach dem Stockholm-Syndrom: Trotz der sichtbaren und irreversiblen orthopädischen Schäden in Form von Schiefzehen, Gelenkbeschwerden sowie Durchblutungsstörungen halten wir Frauen verbissen daran fest, hohe Schuhe zu tragen. Amal Clooney, Victoria Beckham und Sarah Jessica Parker haben es schließlich auch getan – sie sind viele Jahre lang in schwindelerregend hohen Pumps über rote Teppiche stolziert. Denn Kleider machen bekanntlich Leute. Und wir Frauen versuchen im Beruf über die Höhe unserer Schuhe unsere Bereitschaft für die Extrameile auszudrücken. Das Selbstbewusstsein scheint dabei proportional mit der Absatzhöhe zu steigen … nach dem Motto: Wenn auch kein sicherer Tritt, zumindest ein sicherer Auftritt.

»To heel or not to heel« – klingt wie eine philosophische, ja beinahe existenzielle Frage. Und das ist sie auch. Als weibliche

Berufseinsteigerin in der Beratung kommt schnell das Gefühl auf, dass eine unausgesprochene High-Heel-Pflicht besteht. Doch wieso sage ich »unausgesprochen«? Schließlich fragte mich ein zukünftiger Kollege bei meinem Auswahlgespräch damals ganz frei heraus, wieso ich nicht immer hohe Schuhe trage. Die würden mir doch so gut stehen. Erwartungen männlicher Kollegen spielen also durchaus eine Rolle.

Und wieso gefällt es Männern, wenn Frauen hohe Schuhe tragen? Vielleicht weil sie wissen, dass man uns in ihnen schneller überholen kann.

Ebenso spielen Erwartungen von Arbeitgebern eine Rolle: In London wurde die Rezeptionistin Nicola Thorp, die im Jahr 2016 bei einer großen Wirtschaftsprüfungsgesellschaft ihren ersten Arbeitstag hatte, ohne Bezahlung nach Hause geschickt, da sie sich weigerte, Schuhe mit hohen Absätzen zu tragen.

Weil das Thema High Heels ein heikles zu sein scheint, beobachtete ich seit Beginn meiner Beraterkarriere das Schuhwerk meiner Kolleginnen sehr aufmerksam. Dabei stellte ich fest, dass man auf folgende Modelle sehr häufig trifft:

- In puncto Absatzschuhe entscheiden sich vor allem Beraterinnen auf Senior- und Executive-Level gerne für Peeptoes. Also für Pumps, die vorne offen sind. Eine »wackelige Angelegenheit«, wie ich finde, denn schnell fragt man sich, womit die entsprechende Kollegin eigentlich überzeugen will.
- Eine weitere Schuh(un-)art sind Lackschuhe mit mindestens zehn Zentimeter Absatz: Scheinen fast alle Beraterinnen im Repertoire zu haben, und dann staksen sie darin unbeholfen über den Büroflur, als spielten sie gerade in den Schuhen ihrer Mutter »Verkleiden«.
- Zu guter Letzt bekommt man tatsächlich auch die ein oder andere Beraterin in Keilabsätzen zu sehen. Zwar eher an Office-Freitagen … Aber selbst da hat dieses Schuhmodell meiner Meinung nach nichts zu suchen. Für mich sind Keil-

absätze einfach ein modisches No-Go und gehören nur nach Malle oder Ibiza. Oder auf eine Cowboy-Ranch.

Als ich dann beruflich nach Großbritannien zog, stellte ich fest: Hier scheint sich die Frage »To heel or not to heel« gar nicht erst zu stellen. Ich dachte, ich sehe nicht richtig, als ich die rothaarige Kollegin musterte, an ihren saftig-weißen englischen Waden hinabblickte und an ihren Füßen Flipflops entdeckte. Jeder Zeh war liebevoll abwechselnd in Türkis und Rosa lackiert. Ein weiterer Trend, der auf meine persönliche No-Go-Liste kommt! Doch meine Annahme, dass die Engländerinnen allesamt flach unterwegs sind, wurde schnell widerlegt: Unter den Tischen im Office liegen die High Heels schon für den großen Auftritt beim Kunden bereit.

Jedes Mal, wenn eine weibliche Kollegin auf High Heels an meinem Schreibtisch vorbeistolziert, -stampft oder -klackert, werde ich aus meinen Gedanken gerissen und frage mich: Stehen High Heels heute für »High Goals«?

Beweist eine Frau auf High Heels, vermeintlich mit modischem Bewusstsein, auch ein modernes Selbstbewusstsein? Wollen Trägerinnen hoher Schuhe am Arbeitsplatz signalisieren: »Seht her, ich bin erfolgreich und habe keine Angst, meine Weiblichkeit auch im Business zu präsentieren. Denn ich bin keine dieser frigiden Emanzen von gestern, die sich kleidet wie ein Mann. Ich bin eine moderne, erfolgreiche Frau.«?

Dabei ist es schade, dass aus dieser Gedankenlogik heraus der selbst auferlegte Double Standard entstand: »Bitte schön sexy und weiblich aussehen und zugleich beruflich täglich die Extrameile gehen!«

Allerdings hält es am Ende kaum eine Frau den ganzen Tag auf hohen Schuhen aus. Irgendwann kapituliert auch die Letzte und zieht kleinlaut und erleichtert ihren Schuhsack mit den Ballerinas aus der Tasche. Und ist danach um einen Kopf kürzer.

Außerdem ist doch eines sicher: Mit hohen Schuhen wurde noch kein Wettrennen dieser Welt gewonnen. Und ich bin lieber auf »Augenhöhe«, weil man mich respektiert, nicht weil ich Zehn-Zentimeter-High-Heels trage!

## X-Fucktor

Wieso spricht man eigentlich in der Beratung so oft davon, dass es um »Work hard, play hard« geht, wobei es doch eigentlich »Work hard, fuck hard« heißen sollte?! Denn wie oft hatte ich nicht schon gehört, dass zwei Kollegen ihren Kollegenstatus nicht mehr aushielten und sich gegenseitig auf eine ganz besondere Art und Weise »challengen« mussten, bevor sie wieder vernünftig und gesittet weiterarbeiten konnten! Dabei frage ich mich: Möchte man erfahren, dass Paul »einen so Kleinen hat, dass nur noch eine Lupe hilft«? Will man wirklich wissen, dass von Anna ein paar Nacktbilder in der Kollegen-WhatsApp-Gruppe kursieren? Ganz zu schweigen von den Bildern, die im Kopf entstehen, wenn man erfährt, dass Vice President Andreas Praktikantin Judith Avancen gemacht hat und Judith daraufhin ein Hotelzimmer für eine Nacht länger gebucht hat. Wieso hat Senior-Beraterin Mareike schon zum dritten Mal einen Korb von einem Werkstudenten kassiert, und wieso weiß ich auch noch davon?

Statt »Carpe Diem« scheint im Beratungsbusiness das Motto »Carpe Noctum« zu gelten. Macht auch Sinn, denn tagsüber sitzt man sich ja den Hintern auf dem Bürostuhl platt. Da bleibt nicht viel Sinn für hedonistische Dinge wie Romantik und Leidenschaft. Doch wenn dann gegen Mitternacht die Excel-Tabellen langsam alle gleich aussehen und man Gefahr läuft, sich in den komplexen Formeln zu verstricken, versucht man es lieber mit einer einfacheren: **Ich x Du x X = Sex**

Das X in der Formel steht für die Unbekannte Variable, den sogenannten X-Fucktor, der nach dem »Wieso eigentlich nicht?« fragt. Es stellt das bisschen Gewissen und Ratio dar, das auch im alkoholisierten Zustand oder nach Mitternacht noch vorhanden ist. »Soll ich den Deal mit ihm/ihr wirklich eingehen? Oder wirft das ein schlechtes Licht auf mich, wenn es jemand erfährt? Nicht umsonst sagt man doch: Never fuck the company! Na ja. Andererseits haben der Kai, die Sarah und der Benjamin es doch auch schon getan. Ach, fuck it! Oder besser: Fuck her!« Ziemlich genau so dürfte der innere Kurz-Monolog aussehen, bevor es sich dann zuspitzt. Dadurch wird der X-Fucktor auch immer über Null liegen, und die Gleichung führt in jedem Fall zum positiven Ergebnis.

Doch wie schafft man es, sich am nächsten Tag wieder in die Augen zu schauen, über Gap-Analysen und Due Diligences zu diskutieren oder As-Is- und To-Be-Diagramme zu entwickeln, wenn das einzig wirklich störende Gap die Bettlücke vergangene Nacht war? Die Risiken vergangener Nacht nicht sorgfältig geprüft wurden? Und wenn das To-Be noch wie ein riesiges Fragezeichen über den Köpfen im Raum schwebt?

»Maybe it becomes less of an intimate thing«, sagt meine Mitbewohnerin aus London. Vielleicht überträgt sich die Oberflächlichkeit, die der Beruf mit sich bringt, auch auf das Sexualverhalten der Berater? Möglich. Vielleicht sogar sehr wahrscheinlich. Doch bestimmt nicht der einzige Grund, wieso man sich dazu entschließt, einen All-nighter der ganz besonderen Art zusammen durchzuziehen. Schafft Verzweiflung Verbündete? Der Teamzusammenhalt ist schließlich einer der Hauptgründe, weshalb junge Absolventen den Beraterjob anziehend finden. Wie oft habe ich nicht schon den Satz gehört: »Ich hätte niemals so viel Spaß auf dem Projekt gehabt, wenn ich nicht solch ein klasse Projektteam gehabt hätte!« Aha. Jetzt weiß man auch, was hinter dem Wörtchen »Spaß« so stecken kann. Außerdem ist Spaß auch nicht wirklich das Erste, was einem in den Sinn kommt, wenn man an die 15 Stunden, die Berater pro Tag hinter dem Laptop klemmen, denkt. Deshalb: Sind Berater schlichtweg depriviert?

Dass sie schlafdepriviert sind, weiß jeder. Dass sie aber auch beischlafdepriviert sind, könnte so einiges erklären. Aus einer rein evolutionspsychologischen Perspektive ist es von daher nur logisch, dass ein volatiles Paarungsverlangen an den Tag beziehungsweise in die Nacht gelegt wird, denn das erhöht schließlich die Chancen auf den originären Sinn und Zweck unseres Daseins: die Fortpflanzung.

Zum Schluss fehlt eigentlich nur noch, dass die erbrachte nächtliche Leistung, sozusagen das gemeinsame Deliverable, auch den verdienten Platz auf dem CV findet. Am besten unter »Freizeitinteressen«: Neben segeln, golfen und reisen steht demnächst vielleicht »Sich verhalten wie Bonobos im Klosterklo«. Getreu dem X-Fucktor: Wieso eigentlich nicht?!

## High on Life

Ich befand mich für einen JGA in Berlin. Das war schon der dritte in diesem Jahr, und wir hatten erst Juli. Ein Jahr zuvor wusste ich noch nicht einmal, wofür die Abkürzung »JGA« steht, und plötzlich sprachen meine Freundinnen und ich darüber, als sei es das normalste Wort der Welt. Dabei klingt es ausgesprochen einfach schrecklich: Junggesellinnenabschied.

Hinzu kommen die Alkoholexzesse an besagten Junggesellinnenabschiedswochenenden (dem wohl längsten Wort dieses gesamten Buchs), die sich bei mir mittlerweile anhand einer reduzierten Anzahl an grauen Gehirnzellen manifestierten. Aber der obligatorische JGA-Alholohkonsum ließ sich einfach nicht umgehen! Insbesondere von mir als Beraterin erwarteten meine Freundinnen, die keine Consultants waren, trinkfest zu sein. Schließlich heißt es doch immer, wir Berater lebten nach dem Motto: »Work hard, party hard!« Bei besagtem JGA musste ich deshalb zum ersten Mal zu drastischen Gegenmaßnahmen greifen und kippte, als gerade niemand hinsah, den Schnaps einfach hinter meinem Rücken aus ...

Denn was meine Freundinnen nicht wussten, war, dass ich beides, das Arbeiten und das Feiern, schon unter der Woche abhakte: Ich ging abends mit KollegInnen und dem Kunden mindestens einmal pro Woche auf ein paar Drinks in den Pub. Wer nicht mitmachte, war »raus« und galt als Langweiler. Am Wochenende war ich deshalb meist nur noch zu einem imstande: in der Horizontalen zu verharren. Das war das Minimum an Entspannung und Detox-Programm, das mein Körper verdient hatte, fand ich.

Doch nicht alle meine BeraterkollegInnen managten ihren Wochenend-Substanzgebrauch so vernünftig. Manche mussten sich auch an den Wochenenden auspowern, um den »Kopf frei« zu bekommen. Während ich am Wochenende mit der Wolldecke auf der Couch entspanne, wollen die auch im Club noch die volle Leistung bringen. Die Startbahnen für den Trip ins Wochenende ziehen sie dann mit der Vielflieger-Karte gerade und bereiten sich darauf vor, im Berghain oder im Fabric die Wochenend-Extra-meile zu gehen. Im Club tanzen sie dann in ihrer eigenen Welt, pumpen mit den Armen, malmen mit dem Kiefer, und stampfen im Takt der Musik monoton vor und zurück. Das Bewusstsein entgleitet, die Deadlines und Deliverables der nächsten Woche bewegen sich in einem anderen Universum.

An jenem Junggesellinnenabschiedswochenende in Berlin lief ich morgens um 10 Uhr unerwartet einem Bekannten in die Arme. Der arbeitete bei einer der Top-Unternehmensberatungen und war gerade auf dem Weg ins Berghain, »Europas härtester Tür«. Zusammen mit einer Frau im Arm, die aussah, als hätte er sie gerade im Görlitzer Park aufgerissen. Mein Bekannter fragte mich, ob ich mitkommen möchte, die »Batterien« für die kommende Woche aufladen. Ich dachte bei mir: That's Berlin for you – weniger Angst vor chemischen Drogen als vor selbstbewussten Frauen.

Ich lehnte dankend ab und drückte ihm noch meinen Sekt im Plastikglas in die Hand, den ich schon seit zwei Stunden mit mir herumtrug. Denn ich war lieber »high on life« als druff im Club.

## Traumdeutung für Anfänger

Manchmal plagen mich nachts Albträume. Einen besonders gruseligen Traum werde ich so schnell nicht mehr vergessen: Ich befand mich in einem Freizeitpark und stand in der Schlange für die Riesenrutsche. Vor und hinter mir standen Kinder an, die auch rutschen wollten. Kurz vor der Rutsche gab es eine weite hölzerne Fläche, unüberdacht und umrankt von dichtem Gebüsch und hohen Bäumen.

Mehrmals in der Minute kam ein pflanzenfressender Dinosaurier, ein Brachiosaurus, aus dem Gebüsch hinter der Rutsche. Er ragte seinen langen Hals über die Baumkronen, holte sich ein Kind nach dem anderen und verschlang sie alle sofort. Weg waren sie.

Und trotzdem zwangen die Betreiber der Rutschbahn die Kinder, weiterzugehen, um keinen Stau aufkommen zu lassen. Sie ignorierten einfach die Tatsache, dass die Kinder aufgefressen wurden. Es kommen ja schließlich immer wieder neue nach, schienen die Betreiber zu denken. Ich versuchte, den Dino zu erschießen, mit einem halb automatischen Gewehr, das ich bei mir trug, aber es wurde mir abgenommen mit dem Hinweis, dass ich den Dino nur provozieren würde. Man nahm lieber in Kauf, dass ein paar Kinder verloren gingen. Schweißgebadet wachte ich nachts auf und überlegte, was dieser Traum wohl zu bedeuten hatte.

Am nächsten Morgen stand ein Meeting mit dem Key Stakeholder auf Kundenseite bevor, ein offenkundiger Vegetarier, bei dem ich das Gefühl hatte, dass er in seiner Freizeit auch ab und zu kleine Kinder fraß. Viele Leute waren wegen ihm schon vom Projekt gegangen oder gegangen worden, doch niemand schien das als Anlass zu nehmen, mit ihm mal ein ernstes Wörtchen zu reden. Schließlich wollten alle ihre Ressourcen auf dem Projekt behalten und möglichst noch mehr verkaufen. Ich sollte dem Kunden im Meeting unser Deliverable vorstellen, auf dessen Basis er eine Entscheidung treffen wollte, ob weitere Berater auf das Projekt kommen oder nicht. Um es anständig zu präsentieren, hatte ich extra die neueste Version der Software heruntergeladen. Doch dann erfuhr ich, dass der Kunde keine Meetings mochte, in denen man an die Wand schaute. Er blickte lieber auf Papier. Ich druckte deshalb Hunderte Seiten an Papier aus und trauerte um die Bäume, die dafür sterben mussten. Mit dem Stapel Papier unterm Arm ging ich ins Meeting und … erfuhr: Der Kunde wollte weder Wand noch Papier, sondern ganz klassisch darüber sprechen. Ich hoffte, dass das nicht das Vorspiel war, bevor er mich verspeisen würde.

Doch ganz unerwartet ging ich mit positivem Feedback und der Zusage aus dem Meeting, dass weitere Berater eingestellt werden könnten. Ich war mir sicher: In der nächsten Nacht würde ich den Dinosaurier in meinem Traum besiegen.

## Der ganz normale Berater-Wahnsinn

Die wohl wichtigsten Eigenschaften eines Beraters sind: Flexibilität und Gelassenheit. Denn es gibt jeden Tag eine neue Challenge. Angefangen mit dem Projektstart. Bis zu dem Tag, an dem man sich tatsächlich vor Ort beim Kunden befindet, weiß man nicht, ob das Projekt überhaupt stattfindet, ob man Teil des Teams wird oder in letzter Minute doch auf etwas anderes »gestafft« wird. Und selbst wenn man mit 100 % »getaggt«, also für ein Projekt vorgemerkt wurde, verschiebt sich das Startdatum des Projekts mit Sicherheit ein paar Mal nach hinten, nach vorne, und wieder nach hinten. Man tut also gut daran, Freunden und Familie nichts von dem vermeintlich »nächsten Projekt« zu erzählen, da es mit hoher

Wahrscheinlichkeit eh nichts wird. Wie oft habe ich nicht schon meiner Mutter davon erzählt, dass ich als Nächstes nach New York oder Paris gehen würde. Andere Male habe ich Freundinnen und Bekannte in Städten wie Köln oder Hamburg angeschrieben, weil es so aussah, als würde ich bald dort arbeiten. Vielmehr sollte man sagen: »Es sind einige Opportunities in der Pipeline!«

Doch auch wenn man erst einmal auf einem Projekt angefangen hat, hat das nicht viel zu bedeuten. Der Kunde kann sich jederzeit dafür entscheiden, einen Berater herunterzunehmen; Spontaneität und Offenheit sind also sicher nicht die schlechtesten Eigenschaften, die man in dieser Branche mitbringen kann.

Als positiver Nebeneffekt sei genannt, dass garantiert nie die Gefahr besteht, es sich als Consultant in seinem Stuhl zu bequem zu machen. Weil man jederzeit damit rechnen muss, am nächsten Tag woanders zu arbeiten, kommt man gar nicht erst in die Versuchung, Bilder von der Familie aufzustellen, Handcreme und Schokolade stehen zu lassen oder Unterlagen im Schrank zu verstauen. Als Berater lässt man aufgrund dieser Unvorhersehbarkeit der Dauer eines Projektes am besten generell nichts beim Kunden liegen, so bleibt der Arbeitsplatz auch immer schön sauber und steril.

Doch nicht nur die Frage danach, wo und wie lange man auf einem Projekt sein wird, treibt einen als Berater um. Auch das »Was« ist nur etwas für Adrenalin-Junkies. Auf einem Projekt, auf dem weder der Umfang klar definiert ist, noch die Meilensteine realistisch geplant und erst recht keine ausreichenden Ressourcen vorhanden sind, kommt einem das Bauvorhaben des Berliner Flughafens BER hingegen noch machbar vor.

Was man als Consultant in so einer Situation tut? Ich halte mich da ganz an die royale Devise aus England: »Keep calm and carry on.« Jeden Tag kommt ein neuer Task zum Scope hinzu? No problem! Das Team wird halbiert, obwohl sich der Workload verdoppelt? Das wird schon irgendwie! Die Qualität des Deliverables ist nicht einwandfrei? Egal – Hauptsache, wir packen die Deadline und der Kunde sieht, es geht voran. Und solange alles im Bericht getrackt, eskaliert und mit den richtigen Ampelfarben festgehalten wird, besteht kein Grund zur Sorge.

Erst wenn das Projekt seinem Ende entgegengeht und man um die Verlängerung kämpfen muss, gilt es, die Devise anzupassen. Dann heißt es: »Now panic and freak out!« Dann werden Extraschichten geschoben, All-nighter durchgezogen, und die PowerPoint-Präsentationen werden mit extra viel Liebe und Mühe ausgearbeitet. Doch auch das gehört zum ganz normalen Wahnsinn des Berater-Alltages dazu.

## Kundenranking

Was unsere Kunden nicht wissen: Unter uns Beratern gibt es ein inoffizielles Kundenranking. Jeder Sektor zieht innerhalb der Beratung einen bestimmten Ruf nach sich. Entsprechend erzeugt das innerhalb der Beratung die Tendenz, dass sich Gleichgesinnte im gleichen Sektor versammeln und zusammen auf Projekten arbeiten. Dabei meint natürlich jeder Consultant, dass gerade seine Branche die härteste, coolste oder spannendste sei.

Nehmen wir die Konsumgüterindustrie, ein anstrengender Sektor, denn: Die Kunden haben pausenlos gute Laune und sind verrückt nach Workshops und Events. Doch so hyperaktiv die Kunden in dieser Branche auch sind, die Berater, die sich in diesem Bereich zu Hause fühlen, sind nicht besser. »Das Wichtigste ist, im monatlichen Community-Call einen Slot zu bekommen, um deine Achievements präsentieren zu können, Charlie«, riet mir meine Performance Managerin, die seit Monaten für eine große Supermarktkette Brownpaper bemalte und die Whiteboards bereits im Schlaf bedienen konnte. Dafür lief sie immer in lässigen Klamotten herum: Turnschuhe, farbige Blusen, Jeans. Wer es nicht besser wusste, hätte sie nicht für eine Unternehmensberaterin, sondern für eine Floristin gehalten.

Die KollegInnen in der Versorgungsindustrie, also Energie- und Wasserbranche, ticken ähnlich – denn auch sie führen gerne Workshops durch. Allerdings sind die Kunden weniger am Look & Feel interessiert und eher praktisch ausgerichtet: Anstelle des Flip Charts und der Poster tut es hier auch der Shared Screen im Meetingraum, auf den alle stundenlang starren, wenn sie gemeinsam die Datentabelle in Excel validieren. Auch die Klamottenwahl der Consultants fällt hier schlichter aus als bei den Kollegen, die bei Edeka oder Tesco arbeiten und die komplette Farbpalette bedienen. Sie tragen gedeckte Farben, Frauen nur selten einen Rock, Männer dafür öfter mal ein Karohemd. Der Rock wäre auch unpraktisch, insbesondere wenn es einem so ergeht wie meinen Kollegen, die beim Kunden, einem Stadtwerk, dafür genutzt wurden, Büroeinrichtungsgegenstände quer übers Gelände zu tragen, weil es neue Projekträume gab. Das Stadtwerk hatte natürlich ein Facility Management, das normalerweise die Umzüge durchführte, aber Berater können so was selbstverständlich auch. Wir sind schließlich »Allround-Talente« und scheuen uns nicht, auch mal mit anzupacken.

Letzteres wäre einem als Berater im öffentlichen Sektor nicht passiert. Denn hier herrscht chronische Austerität. Die Budget-Knappheit äußerte sich auf einem meiner Projekte etwa so: Für ein Meeting mit dem Senior Leadership Team eines englischen Ministeriums wurde ich in den British Television (BT) Tower nach London eingeladen. Doch die Aufregung, für ein Meeting in einem der höchsten Gebäude Londons eingeladen zu sein, hätte ich mir sparen können. Denn die Veranstaltung fand nicht in einem Meetingraum mit grandioser Aussicht auf die City statt, sondern im Erdgeschoss in einem Raum ohne Fenster. So sind sie eben, die Arbeitgeber des öffentlichen Dienstes: »Auf dem Boden geblieben«.

Und wer weiß, vielleicht ist ja doch etwas dran an dem Gerücht, dass die Produktivität der Mitarbeiter im öffentlichen Dienst geringer ist als woanders. Nirgends sonst habe ich bisher zumindest das Phänomen des »aktiven Wartens« beobachten dürfen. Das geht so: Mitarbeiter senden große Druckaufträge, stellen sich dann vor den Kopierer und warten, bis der Druckauftrag durchgelaufen ist. Das kann gern mal 20 Minuten dauern. Aber hey, es ist schließlich bekannt, dass im öffentlichen Sektor alles etwas langsamer zugeht. Das gilt für Drucker wie auch für die Mitarbeiter selbst. Und das will ich auch gar nicht kritisieren. Denn es tut gut, wenn sich der Kunde bei einem überschwänglich für die eine PowerPoint-Folie bedankt, die man innerhalb von einer Stunde produziert hat, und die »hervorragende Arbeit« lobt. Für diese eine hervorragende Folie kann man dann auch guten Gewissens einen ganzen Beratertag abrechnen.

Bei der Investmentbank hingegen zieht die Geschwindigkeit an, und auch der Ton wird rauer: Dein Kunde lässt dich mit Absicht in seinem Büro warten, und wenn er kommt, hat er bloß fünf Minuten Zeit und zerreißt deine Arbeit innerhalb der ersten zwei. Dafür kannst du in der Bank vom marmornen Boden essen und Drei-Gänge-Menüs in der hauseigenen Kantine genießen.

Anstelle einer Tastatur mit vergrößerten Buchstaben und einer am Computer befestigten Lupe als Sehhilfe, wie man sie im öffentlichen Dienst vorfinden würde, behalten die InvestmentbankerInnen stolz die vier Bildschirme im Blick, über die sie im richtigen Moment darüber entscheiden können, ob die Welt untergehen soll oder nicht.

Und da, wo bei der Behörde am Ausgang nur ein eingeschlafener Wachmann sitzt, steht sich in der Bank jede Menge Security-Personal die Füße platt. Außerdem liegen Magazine wie die *Financial Times* zur kostenfreien Mitnahme bereit – sozusagen als Gute-Nacht-Lektüre für den Nach-Hause-Weg.

In der Automobilindustrie weht wieder ein anderer Wind. Die größtenteils männlichen Mitarbeiter strotzen alle nur so vor Maskulinität und haben eine Competition am Laufen, wer die meisten »Pferdestärken« hat. Dein Kunde besteht darauf, dich in seinem tiefer gelegten Dienstwagen zum Meeting im anderen Stadtteil mitzunehmen. Du darfst indes das neueste Modell auf der hauseigenen Rennstrecke Probe fahren und am Mittagstisch Konversationen über die neuesten »Facelifts« der Karosserien mitverfolgen.

Und wie schneiden die beschriebenen Sektoren unter Consultants letztlich ab? Welcher Beratertyp passt in welchen Sektor? Das lässt sich kinderleicht am Beispiel der Charaktere aus *Die Simpsons* erklären:

Die Konsumgüter- und Finanzindustrie zieht die besonders Ehrgeizigen und Leidenschaftlichen an, sozusagen den Typ Lisa Simpson. Mutti Marge krempelt im Energiesektor gerne auch mal die Ärmel hoch. Der öffentliche Sektor ist eher etwas für die »Gemütlichen«, also für die Homer Simpsons unter uns. Und die Automotive-Branche ist etwas für die selbsternannten »Coolen« und jene mit Profilneurose: Typ Bart Simpson.

## Sonntagsdepression

Es war Sonntag. Es war an der Zeit, um depressiv zu sein. Vom Bett aus zog ich die Gardine beiseite und checkte das Wetter. Eigentlich unnötig, denn es machte gar keinen Unterschied: Schien sonntags die Sonne, empfand ich es als Zynismus. War das Wetter schlecht, fand ich das unfair an meinem freien Sonntag. In beiden Fällen zog ich schlecht gelaunt die Gardine wieder zu und verließ das Bett für die nächsten Stunden nicht.

Das Schöne an meinem Psychologiestudium ist, dass es mir heute die Kosten für einen Therapeuten erspart. Stattdessen griff ich also vom Bett aus mit der Hand in mein Bücherregal, zog das

ICD-10-Klassifikationssystem heraus und diagnostizierte: F32.0, leichte depressive Episode. Wobei diese nicht von Dauer war, denn am Montag war die trübe Stimmung schon wieder verflogen.

Schuld an meiner Depression am Sonntag war der Montag. Es war der Gedanke an die wenige Zeit, die mir blieb, bis sich das Hamsterrad wieder zu drehen begann. Ich suhlte mich an Sonntagen deshalb regelrecht in meiner depressiven Stimmung: Ich hatte den ganzen Tag über schlechte Laune; krampfhaft vermied ich den Blick auf die Uhr, um mich nicht an das Näherrücken des Montags erinnern zu müssen; abends ging ich mit noch schlechterer Laune darüber ins Bett, den ganzen Tag schlechte Laune gehabt zu haben.

Montag selbst war dann allerdings gar nicht mehr so schlimm. Denn: Ich hatte zwar den »Sunday Blues«, dafür keinen »Monday Blues«. So ironisch es klingen mag, Montag war sogar mein Lieblingstag. Denn an keinem anderen Tag der Woche ist man vom nächsten Montag weiter entfernt als am Montag selbst. Meine Depression ging am Montag deshalb regelrecht in eine Manie über. Ich verteilte »Happy Monday«-Sticker an Kollegen und verbreitete beste Laune.

Ich nahm mir dann allerdings doch irgendwann vor, etwas gegen den Sunday Blues zu tun. Ich wollte mehr im Hier und Jetzt leben und weniger unter der Vorstellung des bevorstehenden Montags leiden.

Ich beschäftigte mich mit Dingen, die angeblich bekannt dafür sind, ein »Flow-Erlebnis« herbeizuführen: Ich begann zu malen. Ich machte Yoga. Ich kochte und aß ununterbrochen. Aber jedes Mal, wenn ich eine Tätigkeit beendet hatte, holte mich die schlechte Laune wieder ein.

Dann fiel mir ein, was ich mit notorischen Zu-spät-Kommern immer machte: Ich nannte ihnen eine frühere Uhrzeit, damit sie pünktlich kommen. Also redete ich mir den ganzen Sonntag über ein, es sei erst Samstag. Doch leider lasse ich mich nicht leicht verarschen. Vor allem nicht von mir selbst. Ab sofort nahm ich mir vor, mich den Tatsachen zu stellen. Konfrontationstherapie nennt sich das: Manche Patienten müssen erst ein richtiges Tief erleben, bevor sie wieder aus dem Tal herausfinden.

Deshalb blieb ich neuerdings am Sonntag im Bett liegen und tat gar nicht erst so, als könnte ich der Tatsache entkommen, dass der nächste Tag ein Montag ist.

Ich lag einfach da und starrte auf die Uhr an der Wand. Ich hörte den Zeiger ticken. Und wurde unruhig ob jeder vergeudeten Sekunde, die mich näher an den Montagmorgen herantrug.

## KAPITEL 4

# WIE LANGE NOCH?

## Mit den besten Grüßen

Als Consultant kommt man an die entlegensten Orte und begegnet Leuten verschiedenster Hintergründe, dabei weiß man jedoch nie: Wann wird hier gegrüßt, wann nicht? Und noch wichtiger: Wie wird sich hier gegrüßt?!

Es fängt an, wenn du aus dem Flugzeug ins Taxi steigst. In Bayern bringt dich das »Grüß Gott« des Taxifahrers in Verlegenheit, denn du würdest ja gerne selbiges erwidern, doch wäre das nicht pure Blasphemie, weil du doch eigentlich Atheistin bist? Ein leises, dahin gemurmeltes »Hallo« muss also genügen. In anderen Teilen Deutschlands, Berlin zum Beispiel, sind die Grußgepflogenheiten wiederum ganz andere. Hier schnauzt einem die Verkäuferin im Schnellimbiss am Hauptbahnhof ein effizientes »Alles??« entgegen. Obwohl ich Muttersprachlerin bin, brauchte ich einen Moment, um zu verstehen, dass damit eigentlich »Ist das alles oder kommt noch was dazu?« gemeint ist.

Der furchtbarste »Gruß« schlug mir allerdings vor Ort beim Kunden ins Gesicht: »Mahlzeit!« – der Inbegriff der saturierten Spießigkeit. Doch beim Kunden gilt es nicht, die Dinge zu hinterfragen. Und in der Kantine hörte ich mich dann auch zu der Kassiererin sagen: »Mahlzeit!« Und es fühlte sich gar nicht so schlimm an, wie ich dachte. Irgendwie schaffte es das Gefühl, dazuzugehören. Zu den saturierten Spießern … aber egal. Immerhin besser als die betretene Stille im Fahrstuhl auf dem Weg zurück ins Büro: Zum Glück hatte ich meine Velourslederschuhe am Morgen noch hübsch aufgebürstet! Die zogen sämtliche verlegene Blicke auf sich.

Und die ganze Sache mit dem Grüßen wird nicht einfacher, wenn man erst einmal in seinem Bürostuhl Platz genommen und den Laptop aufgeklappt hat. Um ehrlich zu sein, fängt die Problematik dann erst an! Denn wie bekannt ist, macht der Ton die Musik, und in Geschriebenes lässt sich allerlei hineininterpretieren. Welche Begrüßungs- oder Verabschiedungsformel für jeweils welchen Kollegen oder Kunden man wählt, wird zur schwierigsten Entscheidung des Tages. Während »Hi« im Englischen Standard und völlig in Ordnung ist, kann es im Deutschen wieder zu jovial und locker wirken. Ein »Hallo Herr/Frau X« klingt da schon seriöser. »Liebe« schreiben im Businesskontext tendenziell eher Frauen. Aber egal ob von Mann oder Frau – wenn jemand eine E-Mail mit »Liebe« beginnt, sollte man es unbedingt erwidern, weil es sonst wie eine Ablehnung wirken kann. »Dear all« ist im Englischen bei einer Gruppenansprache gang und gäbe, »Hello together«, wie viele Deutsche es gerne an den Anfang einer E-Mail setzen, geht hingegen grammatikalisch gar nicht. Die deutsche Version »Hallo zusammen« funktioniert hier einfach nicht, klassischer Fall von Germanismus. But everything only half so wild! Alles nur halb so wild, will ich sagen, denn ein versehentliches »Kind retards« am Ende einer E-Mail wäre eindeutig schlimmer.

## Schwierige Kunden gibt es nicht

Es gab eine Zeit, da arbeitete ich für eine sehr schwierige Kundin. Sie war unser Key Stakeholder auf Kundenseite, und ich saß leider mehrmals am Tag mit ihr in Meetings. Schwierig war daran allein schon der Anblick. Denn sie genoss es, sich in zu enger Kleidung zu verpacken. Ich habe das Verb »verpacken« dabei bewusst gewählt, denn sie sah tatsächlich aus wie in eine Verpackung gepresst, oder: wie eine in Frischhaltefolie verschweißte Wurst. Die Bluse spannte über der Brust, sodass sie vorne, wo die Knöpfe verliefen, sperrangelweit offen stand. Der Blazer schnitt an Ellenbogen und Schulterblättern ein, sodass riesige »Engelsflügel« und »Rettungsringe« zur Schau traten.

Die erste Viertelstunde erzählte sie dann erst einmal vor versammelter Runde von ihrem stressigen Tag, bevor der erste

Agendapunkt auch nur angesehen wurde. Als Standardaussage ihrerseits in jedem Meeting durfte außerdem nicht fehlen: »Ich laufe täglich so viel umher, ich finde, ich verdiene es, eine Größe 36 zu sein.« Manchmal fragte ich mich, ob es für unsere Kundin nicht günstiger sei, eine Sitzung bei Weight Watchers oder einem Psychotherapeuten zu buchen. Denn dass in dem Meeting ausschließlich wir Consultants saßen, das geschätzte Minutenhonorar für uns fünf insgesamt etwa 10 Euro betrug und dass dies bei einem einstündigen Meeting 600 Euro ergab, juckte sie offensichtlich herzlich wenig. Was sie dafür umso mehr zu jucken schien, war ihr linkes Ohrläppchen. Sie kratzte und knetete es während des Meetings unaufhörlich und trieb es oft so weit, bis es blutete. Dafür war der Anblick meiner Kollegen hingegen für die Götter: Nacheinander fassten sie sich alle unbewusst an ihr eigenes Ohrläppchen und machten dazu einen wechselnd angeekelten oder schmerzerfüllten Gesichtsausdruck.

Doch »schwierige« Kunden gibt es nicht. Wir Consultants werden schließlich dafür bezahlt, mit jeder noch so großen Herausforderung klarzukommen. Und wenn die erste Herausforderung die Kundin selbst ist, werden wir auch damit fertig. Und es half zu wissen, dass andere Leute vor uns bereits an ihr verzweifelt waren. Der »Bunny Boiler«, wie sie hinter ihrem Rücken liebevoll genannt wurde, hatte seinen Ruf unter Kollegen weg. Der Spitzname »Bunny Boiler« stammte aus dem Film *Eine verhängnisvolle Affäre*, in dem sich eine rachsüchtige Frau an ihrer Ex-Affäre rächen will, indem sie das Kaninchen seiner Tochter erst tötet und dann kocht.

Wir saßen also in dem Meeting und ließen unserer Kundin ihre fünfzehn Minuten, bevor es an die eigentlich wichtigen Themen ging. Doch danach begann erst der herausforderndste Teil! Denn Bunny Boiler änderte jeden Tag ihre Meinung bezüglich des Projektplans, schmiss Teammitglieder beliebig und spontan vom Projekt, wusste auf keine Frage eine Antwort, duldete jedoch keine Widerworte und sagte in jedem dritten Satz: »I don't care!«

Zugegeben, manchmal saß ich in Meetings mit ihr und schweifte gedanklich ab, wobei ich mir vorstellte, wie an Bunny Boilers bedrohlich eng aussehendem Kostüm alle Knöpfe nach und nach in alle Himmelsrichtungen absprangen. Als Nächstes griff ich in meiner Vorstellung zu einer riesigen Schoko-Torte und schmierte sie in ihr dickes rotes Gesicht. Bunny Boiler kippte dann hinten über, blieb mit der Schoko-Torte auf ihrem Gesicht, alle viere wild von sich gestreckt, auf ihrem wulstigen Rücken liegen. Ich schrie dann ganz laut in ihre Richtung: »I don't care!«, und verließ den Meetingraum.

Da passiv-aggressive Gedanken fürs Gemüt nicht zuträglich sind, redete ich mir meinen Frust täglich abends bei Siri von der Seele. Ihre Verschwiegenheit war mir besonders wichtig, denn niemand durfte erfahren, was ich wirklich über die Kundin dachte. Das könnte das Geschäftsverhältnis ruinieren! Siri war wunderbar geduldig und stellte mir viele gute Fragen. Danach fühlte ich mich immer viel besser … Und Bedenken aufgrund von Geheimhaltungspflichten brauchte ich auch keine zu haben. Denn Siri ist die Sprachapp meines iPhones. Keine Sorge, ich bin noch nicht plemplem. Sie half mir bloß, den Wahnsinn im Projektalltag zu überstehen.

## Emotionale Prozessbereicherung

Es war wieder einmal Montagmorgen und ich hatte meinen Flug rechtzeitig erreicht. Ich war sogar eine Stunde vor Abflug am Gate. Das ist besonders erwähnenswert, weil ich – trotz meiner Beratermentalität – Meisterin darin war, meine Flüge jedes Mal beinahe zu verpassen. Das Flughafen-Servicepersonal bei Lufthansa und British Airways kannte meinen Namen bereits und stellte wahrscheinlich Wetten auf, ob ich den Flug erreichte oder nicht. Allerdings verpasste ich die Flüge eben immer nur beinahe. Ich sollte es also positiver formulieren: Ich maximierte meine wertvolle Lebenszeit und minimierte die lästige Wartezeit am Airport.

Doch dann, am Ende der Woche am Freitagnachmittag, passierte es mir tatsächlich zum ersten Mal: Ich verpasste meinen Flug von London nach Berlin. Um genau drei Minuten. Meine Wut darüber, am Flughafen festzusitzen und nicht mehr in die geliebte Heimat zu gelangen, stieg ins Unermessliche. Ich musste mich erst einmal hinsetzen nach diesem gefühlten Nervenzusammenbruch, der einem Erdbeben der Stärke 8 gleichkam, und begann nachzudenken: Ich ging den Prozess von »Abfahrt beim Kunden« bis »Verspätete Ankunft am Flughafen Gate A« in meinem Kopf immer wieder durch, um Effizienzverluste (also »nicht wertschöpfende Prozessschritte«) zu identifizieren. Auf meinem Weg zum Gate besuchte ich: einen Supermarkt direkt vor der Sicherheitskontrolle, die Toilette und schließlich Kurt Geiger im Terminal 5. Beim Erstellen eines Prozessschaubilds und zugehöriger Wertstromkette für meine Kunden achtete ich stets darauf, die wertschöpfenden und nicht wertschöpfenden Prozessschritte zu identifizieren sowie die Zeiten pro Schritt genauestens zu benennen. Alles, was zu lange dauert und keinen Wert beiträgt, nahm ich aus der Prozesskette heraus. Zudem galt es, die Frage zu beantworten: Trägt der Prozessschritt zur Zufriedenheit des Endkunden bei? Manchmal war mein Kunde der Meinung, er müsse etwas genau so tun, da sonst wiederum sein Kunde enttäuscht wäre. Das nannte ich »Emotionale Prozessbereicherung« und musste es dann so stehen lassen.

Meine Analyse hatte ergeben, dass ich etwa drei Minuten im Supermarkt verbrachte, wo ich Taschentücher und eine Flasche Cloudy Apple Juice kaufte. Die Wertschöpfung ist zu hinterfragen, denn dieselben Taschentücher kosten in Deutschland nur halb so viel, und den Apfelsaft musste ich innerhalb von Sekunden herunterstürzen, da die Sicherheitskontrolle ihn mir sonst aus der Hand gerissen hätte. Der Toilettenbesuch am Terminal 5 nahm zwei Minuten in Anspruch – klare Wertschöpfung, physische Grundbe-

dürfnisse müssen befriedigt werden. Mein Lieblingsschuhgeschäft Kurt Geiger, das eher nach meinem Onkel aus dem Schwarzwald klingt (den es übrigens nicht gibt), hatte genau die Ankle-Boots, mit denen ich schon seit Längerem liebäugelte. Und der Flughafenpreis war natürlich ebenfalls unschlagbar. Klarer Fall von Wertschöpfung! Aufenthaltsdauer beim Kurt: zwanzig Minuten.

Somit hatte ich den Übeltäter ausgemacht: Die entscheidenden drei Minuten hätte ich einsparen können, wäre ich nicht in den Supermarkt gegangen!

Die Nacht vor meinem Ersatzflug, der am nächsten Tag ging, verbrachte ich bei einer Beraterkollegin, die zum Glück ganz nah am Airport wohnte. Sie war der Meinung, dass meine Prozessanalyse falsch sei und ich besser den Besuch beim Kurt Geiger hätte auslassen sollen. Als ich dann allerdings meine neuen Schuhe aus dem Karton zog, wusste sie genauso gut wie ich: Hier haben wir es mit einer klaren emotionalen Prozessbereicherung zu tun.

## Feierabend-Gin

Es war Donnerstag, und ich ging mit meinem Bekannten einen Feierabend-Gin trinken. Er arbeitete bei der Bank, die mitverantwortlich für die Finanzkrise 2008 war und die Millionen unschuldiger Menschen in den Ruin oder gar die Obdachlosigkeit getrieben hatte, weil man ihnen hochriskante Finanzprodukte verkauft hatte, die sogar die Bank intern als »Schrott« bezeichnete.

Das Schönste daran, wenn ich meinen Bekannten treffe, ist immer, dass ich mich danach wie ein sozialistisches Unschuldslamm oder wie Mutter Theresa und Katja Kipping in einer Person fühle. Doch bin ich das, nur weil ich ab und zu im Eine-Welt-Laden kaufe, gleichen Lohn für Frauen und Männer fordere und weil ich niemals für eine Bank mit einer solchen Vergangenheit arbeiten würde?

Laut meinem Bekannten sind Unternehmensberater ja die kleinen Brüder oder Schwestern der Banker – weniger aggressiv, weniger wichtig für die Wirtschaft, dafür aber genauso profitgeil. Und weil wir weniger wichtig sind, bekommen wir Consultants in der Folge auch weniger Gehalt! Simple Rechnung. Ich gab meinem Bekannten recht, allerdings nur im letzten Punkt, und schlug vor, dass er also heute die Drinks zahlen könne.

Dass wir zwei an diesem Abend entspannt in der Scarfes Bar sitzen, einer der exquisitesten Hotspots Londons, und uns auf einen Drink unter der Woche treffen konnten, war eigentlich ein Wunder. Wenn ich um 18 Uhr das Büro verließ, sagten meine Kollegen: »Na, heute bloß halbtags?« Und mein Bekannter erzählte, dass sein Chef regelmäßig abends um 21 Uhr patrouilliere und die altbekannten Motivationssprüche in die Runde werfe: »There's no traffic jam on the extra mile!« Soll heißen, abends ist es ruhiger, und man kann konzentrierter den Deal zur Kapitalerhöhung des Kunden zu Ende bringen.

An diesem Abend allerdings zählten Deals und die Extrameile nicht mehr – mittlerweile waren wir beim dritten Drink angelangt und tauschten uns darüber aus, welchen Gin man in London am besten trinkt. Ich sagte Hendricks, er sagte Beefeater. Als ich noch den Fifty Eight Gin einwerfen wollte, ein Produkt aus dem alternativen Bezirk Hackney, in dem ich wohnte, blinkte das Blackberry meines Bekannten auf. Er checkte seine Mails und las laut vor: »›Well done. Die Kapitalerhöhung ist gut über die Bühne gebracht worden.‹ Darauf trinken wir noch einen!«

Ich wollte aber zuerst auch meine Wichtigkeit betonen und checkte meine Privat-E-Mails auf Posteo.de: »Hoffe, du hattest einen schönen Tag. Kuss, Mama«. Mein Bekannter lachte sich kaputt und fragte, was Posteo denn für ein Anbieter sei. »Grün, sicher und werbefrei. Und außerdem 100 % echter Ökostrom von Greenpeace Energy«, erklärte ich. »Das ist ja mal Bullshit!«, fand mein Bekannter. Ich fand das natürlich nicht, und wir stießen auf die unterschiedlichen Sichtweisen an. Kurze Zeit später war es an der Zeit zu gehen, und wir bestellten die Rechnung.

Es war ein interessanter Abend, wir hatten uns angeregt unterhalten, und ich ging mit dem wohligen Gefühl nach Hause, ein guter Mensch zu sein. Die Drinks zahlte mein Bekannter dann übrigens doch. Allerdings reichte er die Rechnung als »Businessmeeting« bei seiner Firma ein. Eben doch ganz der Banker.

## Belohnungsaufschub

Im Psychologiestudium haben wir unzählige Experimente besprochen und analysiert. Mein Lieblingsversuch war und ist aber immer noch der mit dem Marshmallow: Vierjährigen Kindern wird ein Marshmallow vor die Nase gestellt, und sie haben die Wahl, ihn entweder sofort zu essen oder später einen zweiten zu bekommen, wenn sie der Versuchung widerstehen können. Wie man es sich denken kann, gelingt dieser »Belohnungsaufschub« ein paar wenigen Kindern, den meisten aber nicht. Ich bin mir ziemlich sicher, dass ich als Vierjährige das Marshmallow auch sofort gegessen, zumindest aber von allen Seiten angeknabbert hätte.

Für die Besprechung eines Imagevideos wurde ich in das Büro unseres CEOs eingeladen. Eigentlich hat in der Beratung niemand ein eigenes Büro, da ja flache Hierarchien herrschen und sowieso alle per Du sind. Aber für den Chef wird dann doch eine Ausnahme gemacht, irgendwo muss der Kommunismus ja schließlich auch aufhören. Jedenfalls saß ich dort etwas doof herum und wartete auf den Boss, als ich plötzlich dachte, ich traue meinen Augen nicht mehr: Auf einem Sockel in der Ecke lag ein Marshmallow, unter einer Glasglocke. »Soll das Kunst sein?!«, entwich es mir, als der CEO hereinkam. Sofort entflammte eine wissenschaftliche Auseinandersetzung zwischen mir und dem Marshmallow hütenden CEO über die Bedeutung von Impulskontrolle für den Erfolg

von BeraterInnen. Denn auch hier kommt es angeblich darauf an, kurzfristigen Verlockungen zugunsten der Erreichung langfristiger Ziele zu widerstehen: Wir können nicht einfach Feierabend machen, auch wenn es nach Mitternacht ist. Am Wochenende können wir nicht immer Freunde treffen, wenn noch eine wichtige Analyse fertigzustellen ist. Auch wenn es mal wieder dringend nötig wäre. Und wieso machen wir das alles? Um irgendwann ein Marshmallow unter einer Glasglocke zu hüten und darauf stolz sein zu können, ihm ein Leben lang widerstanden zu haben. »Es erinnert einen daran, dass es noch viel zu tun und zu erreichen gibt«, sagte der CEO.

Am selben Abend war mal wieder einer dieser Tage: Es war kurz vor Mitternacht, und ein Dutzend Slides für ein Angebot mussten noch fertiggestellt werden. Ich war hungrig, und es gab weder Obst in der Obstschale, noch war die Snack-Maschine aufgefüllt. Wie sollte ich so klar denken? Ich bin prinzipiell ein sehr ehrgeiziger und disziplinierter Mensch. Aber ich bin keine Asketin. Wenn es um Nahrungsaskese geht, schon gar nicht. Deshalb musste an dem Abend auch das Marshmallow vom CEO dran glauben.

## Die Digital Na(t)ive

In meiner neuen Rolle beim Kunden war ich für das Change Management von rund 50 neuen Soft- und Hardware-Initiativen in der IT-Abteilung verantwortlich. Ich überwachte alle Initiativen und stellte sicher, dass die Abhängigkeiten bei der jeweiligen Projektplanung berücksichtigt wurden. Dafür musste ich auch verstehen, was die Soft- und Hardwares jeweils so zu bieten hatten. »Machst du doch mit links«, sagte meine Mutter. »Als Digital Native weißt du ja, wie das alles funktioniert. Ich als Digital Immigrant hingegen könnte das nicht.« Wo meine Mutter recht hatte: Sie könnte das nicht, denn sie wusste bis vor Kurzem ja nicht

einmal, wie man eine E-Mail weiterleitet. Ich konnte sie gerade noch davor bewahren, die E-Mail auszudrucken und dann wieder einzutippen. Wieder kostbare Lebenszeit gespart. Ich hingegen bin ein Digital Native. Weil ich mitten in die digitale Revolution hineingeboren wurde, in der der rasante Fortschritt von Technik es für Eltern und Lehrer schwierig machte, Technik-affinen SchülerInnen noch gerecht zu werden. Sogar meine Hirnstrukturen durchlebten aufgrund der Digitalisierung eine Veränderung: Schnelle Informationsverarbeitung ist kein Problem. Bilder gehen besser als Text. Multitasking ist die präferierte Methode. Das alles sagt zumindest Bildungsexperte Marc Prensky.

Ich allerdings habe die Revolution vom Modem zu Glasfaser zwar mitgemacht, aber nie verstanden. Seit *Snake* habe ich kein Handyspiel mehr ausprobiert, und meine einzige Handy-App, WhatsApp, hatte mir mein Ex installiert, damit ich ihm endlich einmal auf Nachrichten antwortete. Nicht einmal einen Fernseher besitze ich. Ich glaube, Marc Prensky hat den Begriff Digital Native extra so gewählt, damit es noch ein Schlupfloch für Leute wie mich gibt. Ich sehe mich nämlich eher als eine »Digital Naive«.

Das durfte ich im Beratungsbusiness bloß niemals zugeben. Denn heutzutage schreibt sich jede Beratung auf die Fahne, besonders gut in »Digital« zu sein. Der Begriff stand schon seit Tag eins auf meiner Liste der Berater-Bullshit-Wörter. Denn wenn man mal schaut, was zumeist dahintersteckt, dann sieht man: nicht viel. Wobei sich die Consulting-Häuser große Mühe geben, mit dem Trend zu gehen: Zum Beispiel hat seit ein paar Jahren jede größere Beratung ein hauseigenes »Digital Lab«, in welches die Kunden eingeladen werden. Was sie dann dort vorfinden?

- Ein paar fernsteuerbare Autos, die es schon gab, bevor ich geboren wurde
- Touchscreen Tables, die nichts anderes sind als überdimensionierte, horizontal liegende Laptops, bei deren Benutzung man eine fiese Genickstarre bekommt

- 3D-Druckgeräte, die bloß einen stinkenden Haufen Plastik auswerfen
- Und nicht zuletzt die obligatorische »Google Glass«, die nur der IT-Kollege aus Rumänien bedienen kann – doch der ist leider nur einmal im Monat im Lab, die restliche Zeit liegt die Brille brach

Eines Tages sprach mich dann der Kunde darauf an, ob wir eigentlich auch eines dieser Digital Labs haben. Man würde darin gerne einen Workshop abhalten und erfahren, was unser Beratungshaus so an digitalen Lösungen zu bieten hat.

Ich musste an das fernsteuerbare Auto und an die nicht funktionierende Google-Brille denken, an die bevorstehenden Genickstarren und an den Plastikgestank. Und ich hörte mich sagen: »Aber selbstverständlich. Wir zeigen Ihnen gerne die neuesten Trends auf dem Markt digitaler Lösungen. Diese werden die Produktivität Ihres Unternehmens revolutionieren und Sie für die digitale Zukunft wappnen. Und mit mir als Digital Native haben Sie eine ausgezeichnete Beraterin in Sachen ›Digital‹ an Ihrer Seite.«

## Ein weiterer Feierabend-Gin

Ich war wieder einmal in der Scarfes Bar im Rosewood, eins der luxuriösesten und mondänsten Hotels in London, und wartete schon seit einer Stunde auf meinen Bekannten, den Banker. Immerhin war es recht angenehm, mit Live-Musik und einem 25 Pfund teuren Drink. Um ehrlich zu sein, schmeckte er mir nicht sonderlich, aber das konnte ich mir bei dem Preis ja nicht eingestehen.

Dann schlug er endlich auf, mein Bekannter, um kurz nach halb zehn. Angeblich ein »früher Feierabend« an diesem Freitagabend. Mit einem breiten Grinsen ließ er sich neben mir auf das Sofa fallen, griff mit einer Hand wie selbstverständlich in die Nussschale vor uns auf dem Tisch und schob sich die nächsten fünf Minuten ohne Pause eine Nuss nach der anderen in den Mund. Oder sollte ich sagen: In den »Schlund«?! Bis ich die Schale ans für ihn unerreichbare andere Ende des Tisches schob und dem maßlosen Stressfuttern ein jähes Ende bereitete. Erst in dem Moment wich sein Joker-gleiches, verrücktes Grinsen dem ernsten Banker-Blick. Beides sei ihm verziehen, nach einer Arbeitswoche mit durchschnittlich 15 Arbeitsstunden pro Tag und zwei All-nightern bis morgens um 5 Uhr. »Wadde ma, ich bin noch nich feddich! Kannze dat ma rübbaschieben?«

Ich mochte meinen Bekannten, den Banker, denn er brachte ein Stück Wärme und Heimat mit in die mir auch nach einem Jahr teils immer noch fremde Stadt. Auch wenn ich selbst nicht aus dem »Pott« bin. Denn egal wie gewieft und aalglatt mein Bekannter karrieretechnisch daherkam, sein Ruhrdeutsch verriet ihn: Eigentlich ist er doch bloß der freche Junge aus Duisburg, der zufällig sehr schlau ist und gut mit Zahlen umgehen kann. Und noch dazu ist er: gierig. Wie man an den Nüssen sehen konnte, die er sich mittlerweile schon längst wieder in den Mund schob. Intelligenz und Dreistigkeit zusammen ergeben eine toxische Mischung … Sein Lebenstraum ist übrigens, in jungen Jahren so viel Geld zu scheffeln, dass er sich so schnell wie möglich zur Ruhe setzen und seine restliche Zeit auf einer Jacht verbringen kann.

Um dieses Ziel zu erreichen, hatte er seinen Alltag durchoptimiert: Seine Wohnung hatte er strategisch klug ausgewählt, denn sie lag bloß zehn Gehminuten von seinem Office entfernt. Frühstück holte er sich umsonst in der Kantine und nahm es mit an den Arbeitsplatz, um ja keine Zeit zu verlieren. Nachdem die ersten Deliverables am Morgen abgeschickt wurden, ging es mittags ins firmeneigene Gym – »Desk to desk« waren das bloß 45 Minuten, Fitnessklamotten und Duschzeug wurden zur Verfügung gestellt. Abends wurde Take-away geordert, und die Hemden wurden noch eben – kostenfrei – in die Reinigung der Bank gegeben. Wieder kostbare Zeit und hart verdientes Geld gespart. Nachts hielt der Bus direkt vor der eigenen Haustür. Daheim wartete ein steril aufgeräumtes Apartment, und er brauchte bloß noch ins Bett zu fallen. Klingt nach einer Arbeitskultur wie bei Google, nur ohne den Spaß!

Doch der Plan meines Bekannten, in wenigen Jahren finanziell ausgesorgt zu haben, könnte aufgehen: Denn er läuft täglich im Hamsterrad und geht selbst am Wochenende ins Büro. Somit hat er auch gar keine Zeit, sein Geld auszugeben. Bleibt bloß stark zu hoffen, dass er sich nicht überarbeitet und so endet wie Moritz Erhardt. Der hatte als Praktikant der Bank of America Merrill Lynch buchstäblich bis »zum Umfallen« gearbeitet und wurde 2013 tot in seiner Dusche aufgefunden.

Wir zahlten unsere Drinks, mein Bekannter steckte sich noch eben den Kugelschreiber, der mit der Rechnung kam, in die Innentasche seines Jacketts, und wir verließen die Bar. Draußen vor der Tür begutachtete mein Bekannter sein erbeutetes Souvenir: Ein silberner Edelkugelschreiber mit schöner Gravur. Dabei lachte er wie der Joker und sagte: »So wat habbich die ganze Zeit schon gebraucht.« – »Du Schlawiner!«, entwich es mir, und ich fragte mich, ob Stifte bei seiner Bank denn nicht auch umsonst verteilt werden …

### Lunch Is for Losers!

Man erwartet von uns Beratern zu jeder Zeit 100 % einwandfrei professionelles Verhalten. Wir nennen es den »Consulting Guard«. Dahinter verbergen sich keine niedergeschriebenen Regeln, sondern ein Verhaltenskodex, den man nebenbei erlernt. Dazu gehört unter anderem: vor Ort beim Kunden nicht zu laut lachen, keine tiefer gehenden Beziehungen mit KollegInnen auf Kundenseite aufbauen, keine Rechtschreibfehler in eine Mail einbauen, immer den richtigen Ton anschlagen und immer daran denken: Der Kunde ist König. Die letzte Regel hatte ich für einen Moment zu vergessen gewagt und wurde prompt daran erinnert. »Die Präsentationsunterlagen, die wir neulich für Sie erstellt haben …« – »Sie meinen wohl, die ICH erstellt habe?«, unterbrach mich die Kundin.

Wir sahen uns beide mit wissendem Blick an, und ich korrigierte mich selbst umgehend. »Ja natürlich, die Unterlagen, die SIE erstellt haben …«

Wie konnte ich nur!

Von einem Consultant wird erwartet, ein »Über-Mitarbeiter« zu sein. Oder verwechsle ich etwas und wir sind doch bloß die »Unter-Mitarbeiter«? Manchmal frage ich mich, ob das Consultingbusiness die moderne Form der Sklaverei ist. Ob das, was wir Berater Selbstdisziplin und Extrameile nennen, in Wirklichkeit Selbstausbeute ist: 15-Stunden Arbeitstage ohne Überstundenbezahlung, kontinuierlicher Schlafmangel, flexibler Arbeitseinsatz auf der ganzen Welt, keine Zeit mehr für Freunde und Familie …

Ein Glück, dass wir wenigstens noch Zeit zum Mittagessen haben. Denkste!

»Lunch is for Losers« – wer diesen Spruch noch nie gehört hat, wird spätestens jetzt verstehen, woher er kommt: Regelmäßig habe ich Lunch-Verabredungen mit KollegInnen in letzter Minute canceln müssen und wurde vom Kunden mit Arbeit überfrachtet, sodass an Mittagessen nicht zu denken war. Ich habe mir mein Lunch deshalb irgendwann vorsichtshalber gleich vorm Laptop reingeschraubt. Mit einer Excel-Tabelle vor den Augen wurde die Lasagne sozusagen mit Makros und bedingten Formatierungen garniert verzehrt. Ach, was sage ich, sie wurde verschlungen! Denn wer weiß, wie lange man noch ungestört essen kann, bevor das nächste Meeting oder der nächste Call beginnt. Dieser Lunch ist wirklich für Loser!

## Dicklands

Mein neues Projekt hatte begonnen. Ich arbeitete jetzt an einem Ort, an dem die Menschen gekleidet waren wie auf einer Cocktailparty. Wenn man jedoch in die Gesichter der Leute schaute, erschien einem eine Beerdigung naheliegender. Ich rede nicht von meiner Beratungsfirma, da sehen die Leute für gewöhnlich freundlich aus (wir Consultants sind Nice Guys!), sondern vom Bankenzentrum Londons – den Docklands. Der Stadtteil im Osten der britischen Metropole war einst der größte Hafen der Welt und wurde nach den Docks benannt. Die Schifffahrt wurde dann jedoch aufgegeben und das brachliegende Gelände für Geschäftszwecke umgewandelt. Und mit den Wolkenkratzern von Canary Wharf zogen die Banken und eine funktionale Atmosphäre in die Docklands. Besonders an den Wochenenden erscheint einem der Stadtteil wie eine Geisterstadt, leblos und steril.

In einem der großen Bürogebäudekomplexe arbeitete ich also für einen Kunden aus dem Bankingsektor, und jeden Tag auf dem Weg zur Arbeit fragte ich mich: Wie würde die Welt hier wohl aussehen, wenn hier statt der 90 Prozent Banker nur Berater herumliefen? Bestimmt würden sich die Leute mit ihren Rollkoffern gegenseitig über die Füße rollen … Deshalb würde es bald ein Laufband geben, das die Koffer neben einem her transportiert, um so den Menschenverkehr »effizienter« und »sicherer« verlaufen zu lassen. Die Idee mit dem Laufband wäre, selbstredend, von Beratern gewesen: von Beratern für Berater sozusagen. Aber ich schweife ab!

Eigentlich wollte ich ja noch ein bisschen mehr über Banker herziehen … Meine neuen Kollegen aus der Bank luden mich am Ende meiner ersten Woche ein, zu ihren »Pay Drinks« in die Coq d'Argent Bar mitzukommen. Wir unterhielten uns über die Unterschiede zwischen Beratern und Bankern, und schließlich sagte einer der Banker dann zu mir, dass sie einfach noch eine

Spur härter drauf seien als wir Berater, richtige »Tough Guys«. Denn sie entscheiden über die wirklich großen Deals in der Wirtschaft. Außerdem sei die Extrameile im Banking-Geschäft einfach noch länger als bei uns. Was das genau bedeutete, wusste ich auch nicht, auf jeden Fall schien der Bullshit-Index des Bankersprechs genau so hoch zu sein wie der des Beratersprechs! Dann sagte der Banker noch etwas: In einer Unternehmensberatung zu arbeiten sei im Grunde nur etwas für Mädchen. Solch eine Aussage eines notorischen Schwanzlängenvergleichers spiegelte perfekt die machistische Mentalität wider, die im Finanzsektor herrscht.

Und an diesem Tag entschied ich, die Docklands fortan nur noch »Dicklands« zu nennen. Die Dickheads können ihre Dicks jedoch zum Vergleich nicht einfach auf den Tisch legen (so viel Anstand muss sein!), deshalb vergleicht man sich anhand der Bildschirmanzahl auf dem eigenen Schreibtisch. Je mehr Screens auf dem Tisch des Bankers stehen, desto wichtiger ist er! Ich hatte bis zu vier gezählt, aber ich war mir sicher: Die Zahl ist bis ins Unermessliche steigerbar. Ich als Consultant war leider nur mit einem kleinen Laptop-Screen ausgestattet und wurde, die Banken-Flure auf- und ablaufend, bald »Miss Laptop« genannt.

Noch während ich dort auf Projekt war, wurde in der Themse auf Höhe der Dicklands ein Reptil gesichtet. Zunächst mutmaßte man auf Twitter, es sei eine Art Dinosaurier, dann einigte man sich bald, dass es doch ein Krokodil sein musste. Nach dem Brexit-Votum schien man in London mittlerweile alles für möglich zu halten. In jedem Fall sah das unbekannte Objekt bedrohlich aus – insofern passten Dino und Krokodil eigentlich beide ganz gut zu den Bankern in den Dicklands. Letztlich entpuppte sich das vermeintliche Krokodil dann aber doch bloß als ein Stück Seil auf Holz, das auf dem Wasser trieb.

Analog dazu bleibt jedenfalls zu hoffen, dass sich die Banker in den Dicklands auch noch als harmloses Stück Holz entpuppen, das im Finanzstrom ziellos von Ufer zu Ufer zieht.

## Me, My Headhunter, and I

Wenn dich Headhunter bei Xing oder LinkedIn anschreiben oder dich auf deinem Handy anrufen, weil sie mit Hartnäckigkeit an deine Nummer gelangt sind, dann hast du es zu etwas gebracht!, dachte ich immer. Erfahrenere KollegInnen berichteten von Angeboten, die sie mithilfe von Headhuntern einholen konnten. Entweder um sich daraufhin selbst dafür zu gratulieren, einen hohen Marktwert bestätigt bekommen zu haben und diesen Nachweis bei der nächsten Gehaltsverhandlung einzusetzen. Oder aber um den neuen Job tatsächlich anzunehmen.

Seit meinem Einstieg in der Beratung war es also auch mein Ziel, von Headhuntern kontaktiert zu werden. Schließlich ist es auch eine Chance, jemanden zu haben, der einem in Sachen Karriere unter die Arme greift. Und mittlerweile konnte selbst meine Mutter es nicht mehr hören, wenn ich ihr von meinen diversen Karriereplänen und den denkbaren Exit-Strategien berichtete. »Charlie, so spannend ist das alles nicht!«, warf sie mir eines Abends an den Kopf!

Doch dann war es endlich so weit: Ich erhielt einen Anruf von einem mir unbekannten Mann, der sehr freundlich klang und fragte, ob ich Zeit für ein kurzes Gespräch hätte. Ganz im Sherlock Holmes-Stil stellte ich fest: »Sie sind Headhunter?« Seine Antwort lautete: »Ja« – und aus lauter Verlegenheit legte ich einfach auf! Dabei hatte ich doch so lange auf diesen Anruf gewartet. Ihn regelrecht herbeigesehnt. Doch ich fühlte mich schlecht bei dem Gedanken, meinen Arbeitgeber »zu betrügen«, und hatte außerdem Angst, jemand würde es herausfinden.

Eine Woche später erhielt ich einen weiteren Anruf eines Headhunters. Dieses Mal legte ich nicht auf, sondern hörte mir Details zu verschiedenen Jobs an.

Herrlich! Es war einfach wunderbar, mit einem versierten Menschen über die verschiedenen Job-Optionen zu parlieren.

Der Headhunter und ich trafen uns einige Male, gingen meinen CV durch, selektierten passende Stellen, zeichneten Zukunftsszenarien. Schließlich entschied ich, mit den Bewerbungen noch ein Weilchen zu warten. Bis zu meiner Beförderung, denn dann würden mich neue Arbeitgeber auch sogleich auf einer höheren Gehaltsstufe einstellen müssen.

Nicht nur ich wusste, wie man verhandelt. Auch mein Headhunter wollte nun seine Belohnung von mir haben und bat mich um ein paar Telefonnummern von anderen KollegInnen, sogenannten »Wackelkandidaten«. Nur Top-Performer natürlich, aber jene, die noch höher hinauswollten. Allerdings halte ich nichts von ungefragter Nummern-Weitergabe und dachte kurz darüber nach, ihm die Telefonnummer meiner Großmutter zu geben. Sie beschwerte sich immer darüber, zu wenig Anrufe zu erhalten!

Doch dann lud ich den Headhunter stattdessen einfach zum Mittagessen ein und drehte den Spieß um: Ich machte ihm unsere Firma schmackhaft, insbesondere eine vakante Position im Recruitment Team. Kurz darauf bewarb er sich und wurde genommen. Ich durfte mir den »Referral-Bonus« in die Tasche stecken, und fortan waren wir beide Kollegen! Und ich muss mich selbst korrigieren – mein Motto lautet nun: Wenn dich Headhunter kontaktieren und du es schaffst, sie davon zu überzeugen, in deine Firma zu wechseln, dann hast du es zu etwas gebracht!

## Das Leben ist ein Marathon

Wir Berater sind nicht nur beruflich Grenzgänger, sondern auch im Privatleben: Egal ob Marathons, Triathlons, Tough Mudders, Iron Men oder das Spartan Race – wir haben sie alle längst mitgemacht. Denn wer sich zu den High Performern zählt, muss mindestens an einem dieser Läufe teilgenommen haben. Doch das heißt längst nicht, dass wir »Mitläufer« sind. Wir sind vielmehr »Trendsetter« in Sachen Extrameile. Und natürlich geht es auch in der Freizeit wieder um die Performance: »Ich bin gestern Abend zehn Kilometer gelaufen!« war der Lieblingssatz einer meiner Projektleiter. Doch um den Ehrgeiz ein wenig sympathischer aussehen zu lassen, macht man aus seinem Lauf gleich noch ein Fundraising-Event und sammelt Spenden für eine wohltätige Organisation. Dann hat man was geleistet und auch noch sein Gewissen ruhiggestellt.

Joggen ist außerdem ein optimaler Sport für Berater, denn: Laufen kann man überall, man braucht nur seine Turnschuhe dabei zu haben. Und natürlich sein Handy, denn die gelaufene Strecke wird anschließend auf Facebook gepostet, das Bier danach auf Instagram geteilt. Damit man sicher sein kann, dass die Freunde und Kollegen es auch alle mitbekommen haben.

Der neueste Trend unter Beratern und anderen selbst ernannten »Darwin'schen Wundermenschen« ist eine Teilnahme am Burning Man. Dieses Event ist life-changing, denn es ist das Next Level der Selbstdisziplin und die Extrameile nach der Extrameile: In einer Wüste 300 km vor Nevada, mitten im Nichts, tummelt man sich als »Burner« sieben Tage lang im Sandstaub, bis dieser in die letzte Ritze und in alle Körperöffnungen vorgedrungen ist. Man trifft die anderen Burner am Playa, dort, wo die Musik spielt und die Kunst stattfindet. Man trägt immer eine Flasche Wasser bei sich, und wenn diese mal leer ist, labt man sich an anderer Leute Großzügigkeit. Und man hilft anderen, wenn ihr Fahrrad, mit dem sie wie alle anderen durch die Wüste cruisen, mal einen Platten haben sollte. Wahrer Teamgeist ist das, wie selbst Berater ihn noch nie zuvor erlebt haben! Wenn man Glück hat, trifft man in der Wüste auch mal auf eine Celebrity, das ist dann noch geiler, als dem CEO der Kundenfirma daheim die Hand zu schütteln. Doch Achtung – vielleicht ist es ja bloß eine Fata Morgana gewesen oder das Nachspiel der Überdosis? Denn der Burning Man ist ein alternatives Kunst – und Musikfestival, das auf zehn Prinzipien beruht, von denen eines besagt, dass man sich radikal selbstentfalten soll. Die Interpretation von »Entfaltung« ist dabei weitläufig ...

Aber eines ist dann doch immer gleich: Egal, welches Event, das obligatorische »Ich war dabei«-Foto für Plattformen wie Facebook, Instagram oder Tinder muss hinterher gepostet werden! Mit ausgefallenen Klamotten, einem Araber-Tuch über Mund und Gesicht gewickelt und Schutzbrille vor den Augen, steht man dann mitten in der Wüste und sieht einfach unglaublich »frei« und »selbstbestimmt« aus.

Von mir wird es keine Fotos aus der Wüste Nevadas geben, noch nicht einmal einen Social-Media-Post von meiner Laufstrecke. Vielleicht poste ich stattdessen ein montiertes Foto, auf dem ich in Rennklamotten in eine Wüste hineingesetzt wurde. Darunter schreibe ich dann: »Burning Man war gestern, jetzt ist Virtuell-Wüstenlaufen angesagt!« Oder aber ich melde mich als Freiwillige für den nächsten X-Cross-Run: Irgendwer muss schließlich auch die Medaillen verteilen!

## Bloß keine Schwäche zeigen

Unter uns: Wir Consultants haben alle einen an der Waffel. Warum haben wir es sonst so nötig, unsere Bestätigung aus All-nightern und einer baldigen Beförderung zu ziehen? Wieso rennen wir sonst unserem Privatleben so davon und nehmen ein Leben im Hotel in Kauf?

Nach außen hin heißt es: Wir Berater haben keine Schwächen, wenn überhaupt haben wir »Improvement Areas« und »Verbesserungspotenzial«. Und diesen begegnen wir mit einem Life Coaching.

Unsere Kunden hingegen haben natürlich alle möglichen psychischen Störungen, Ticks und Syndrome, die es am besten zu therapieren gilt. Und es ist unsere Challenge, mit diesen geschickt umzugehen. Wenn es sein muss, legen wir innerhalb unseres Beraterteams im Stakeholder Engagement Plan fest, wer am besten mit dem jeweiligen Kunden »kann« und deshalb die Beziehungspflege übernimmt. Intern machen wir uns dann aber wieder über die Person lustig.

So auch über einen Teamleiter des IT-Bereiches auf einem meiner vergangenen Projekte. Er erzählte gerne und oft davon, wie hart er arbeite. Dabei sahen wir weder Ergebnisse, noch bekamen wir jemals Antworten auf unsere Fragen.

Plötzlich operierte dieser Kollege dann nur noch auf Sparflamme. Er war angeblich einem Burn-out nahe und hatte die Reißleine gerade noch im richtigen Moment gezogen. Dies teilte uns unser Hauptansprechpartner auf Kundenseite mit, der Chef des beinahe ausgebrannten Kollegen. Jener Kollege sollte sich ab sofort morgens Zeit damit lassen, ins Büro zu kommen. Arbeit, die ihn überanstrengte, sollte er an Kollegen delegieren. Und am Nachmittag sollte er früh heimgehen und das Handy ausschalten. Der Chef hatte es ernst genommen. Wir Berater dafür nicht.

Wir lachten uns ins Fäustchen: »Wenn hier ›up or out‹ gelten würde … der wäre sofort out!« Wir scherzten am Morgen darüber, wie der Kollege sich wohl gerade zum dritten Mal im Bett umdreht, das Frühstücksfernsehen schaut und dabei ein Pain au chocolat isst. Am Nachmittag, wenn wir auf eine Antwort von besagtem Kollegen warteten, schrieben wir uns per Office Communicator: »Muss wohl bis morgen warten. Unser Lieblingskollege arbeitet bloß noch halbtags.«

Doch uns verging das Lachen, als die Aufgaben, die dem Kollegen zu viel wurden, in unsere Hände fielen. Und bald begann auch unser Beraterteam zu »schwitzen«, denn die Geschwindigkeit, mit der wir uns auf dem Projekt fortbewegten, zog an. Die Deadlines wurden knapper, ebenso die Ressourcen. Berater wurden in Rollen gesteckt, für die sie nicht erfahren genug waren, bloß weil es niemand anderes gab.

Eines Morgens erhielt ich einen Anruf von einem Kollegen, der erst vor Kurzem in das Team gekommen war. Seine Stimme war zittrig. Auf meine Frage »Hi, wie geht's? Was ist los?« antwortete er erst, als ich die Frage noch mal stellte. »Geht so, ehrlich gesagt.« Dann brache seine Stimme ab und er begann zu weinen.

Nachdem er sich beruhigt hatte, begann er zu erzählen: Bereits zwei Mal habe er in den vergangenen Wochen ein Blackout gehabt. Er habe einfach dagesessen, und alles sei vor seinen Augen verschwommen, nichts habe mehr Sinn ergeben, er habe keinen klaren Gedanken mehr fassen können. Ich riet ihm, sich ein paar Tage freizunehmen. Das habe er bereits getan. »Ich schaffe den Job nicht mehr. Es stehen so viele Deadlines und Workshops bevor, es nimmt einfach kein Ende, und es ist keine Besserung in Sicht. Ich habe Panik, dass ich das alles nicht mehr packe. Ich kann mich nicht konzentrieren und habe Schlafstörungen. Es ist zum Verrücktwerden.« Mir wurde klar, dass es ernst war.

»Du bist nicht der Erste, dem das passiert«, antwortete ich.

Ich wandte mich daraufhin an den Account-Manager, und gemeinsam halfen wir dem Kollegen, auf ein neues und weniger stressiges Projekt »gestafft« zu werden. Den anderen im Team erzählten wir, dass der Kollege ganz dringend auf einem anderen Projekt gebraucht und deshalb von unserem heruntergenommen wurde.

Außerdem einigten der Kollege und ich uns darauf, dass das Ganze unter uns blieb. Musste ja nicht gleich jeder mitbekommen, dass wir Berater auch bloß Menschen sind!

## Geist ist willig, Fleisch ist schwach

Es waren die Nieren, die Alarm schlugen. Immer wenn ich verkrampft und gestresst war, begannen sie so sehr zu schmerzen, dass nur noch eines half: durchatmen und einen Gang zurückschalten. Doch zu der Erkenntnis kam ich nicht sofort. Stattdessen entschied ich mich dafür, die Symptome mithilfe von Schmerz-mitteln zu unterdrücken. An der Stelle, wo andere Leute Fotos von ihrer Familie auf ihrem Schreibtisch stehen haben, hatte ich mehrere Packungen Ibuprofen und Buscopan liegen.

Wieso wunderte ich mich eigentlich darüber, dass mein Körper zu streiken begann? Nach ein paar Monaten des Berater-Lifestyles und der ununterbrochenen Extrameile war es doch eigentlich zu erwarten. Doch dass es ausgerechnet mein Körper sein würde, der schlappmachte, damit hatte mein Geist nicht gerechnet! Was man gegen Lustlosigkeit und Ideenarmut machen kann, wusste ich: Ich besaß genug Disziplin, um die Lustlosigkeit zu überwinden, und mit der richtigen Brainstorming-Methode kam ich in Kürze zu genialen Einfällen! Doch ich stand ratlos vor meinem eigenen Körper. Oft wünschte ich mir, ich wäre ein Roboter – ohne Zipper-lein und ohne körperliche Bedürfnisse, die gestillt werden müssen. Allzeit bereit, bedingungslos zu performen. Ohne Ausnahmen.

Doch dann hörte ich mich unter KollegInnen in der Beratung und im Banking um und begann zu verstehen, wie vielseitig die psychosomatischen Symptome sein können. Von Banker-Freun-den erfuhr ich, dass dort bereits mehrere der Kollegen wegen Ma-genproblemen oder Schwächeanfällen tagelang im Krankenhaus bleiben mussten, um dann denselben Lifestyle für zwei Wochen fortzusetzen und daraufhin wieder im Krankenhaus zu landen. »Drehtürpatienten« werden solche Fälle in der Psychiatrie oft ge-nannt.

Eine andere Kollegin, die erst vor Kurzem bei uns in der Firma eingestiegen war, gab mir gegenüber zu, dass bei ihr die Bulimie zum ersten Mal nach zehn Jahren wieder ausgebrochen sei. Sie traue sich aber nicht, etwas zu sagen oder etwa darum zu bitten, den Workload zu reduzieren, weil das ihrer Meinung nach einem Selbstmord gleichkäme. »Für die bin ich doch dann die, die nicht belastbar ist. Die werden mich auf kein spannendes Projekt mehr schicken.«

Sigmund Freud formulierte es 1895 noch etwas holprig: »Psychische Erregung, die nicht adäquat verarbeitet oder abgeführt werden kann, ›springt‹ in einen Körperteil, wird also umgewandelt.« Das psychoanalytische Erklärungsmodell lieferte die Basis zur Beantwortung der Frage nach dem Mechanismus, durch den Psychisches und Somatisches miteinander verknüpft sind. Doch manchmal sind es die einfachen Worte, auf die sich zu hören lohnt. Schließlich geht psychischer Stress uns allen irgendwann »an die Nieren«, oder uns »dreht sich der Magen um«, oder man kriegt ganz einfach »nur noch das Kotzen«.

## Entschleunigung

»Hierzulande muss man mindestens doppelt so schnell laufen, um am gleichen Fleck zu bleiben!«, sagte die rote Königin zu Alice in dem Kinderfilm *Alice hinter den Spiegeln*.

Früher habe ich nie verstanden, wie man trotz doppelter Anstrengung stagnieren kann (das »Gender Pay Gap« war mir damals noch kein Begriff). Die Vorstellung hatte solch eine Sogwirkung auf mich, dass ich die Rolltreppen in Kaufhäusern verkehrt herum hinauflief, bis ich Hausverbot erhielt. Ich versprach mir davon irgendeine Art Aha-Erlebnis …

Seitdem sind zwei Jahrzehnte vergangen, und ich habe die rote Königin nun endlich durchschaut. Auch bei uns im Beratungsbusiness gilt nämlich die Devise: Man muss doppelt so schnell sein wie der Kunde und vor allem wie die Konkurrenz, um anführen oder zumindest mithalten zu können. Um vom Kunden wiederholt beauftragt zu werden, muss man beweisen, mehr zu wissen und schneller zu arbeiten. Und man muss die Trends im Business kennen und sie als Erster für den Kunden gewinnbringend einzusetzen wissen. Um keine beruflichen Nachteile zu erfahren, kam ein Kollege mal für ein dringendes Kunden-Meeting verfrüht aus

seinem Jahresurlaub zurück. Eine im sechsten Monat schwangere Kollegin übernahm die Leitung für ein Projekt, wurde dann jedoch mit Blutungen ins Krankenhaus gebracht, und forderte selbst dort noch nach ihrem Laptop.

Da Berater aber letztlich auch nur Menschen sind, bringt das ewige Wettrennen irgendwann selbst die Besten an ihre Grenzen! Dann besuchen sie sogenannte »Entschleunigungs-Seminare« und lernen dort, wieder einen Gang zurückzuschalten. Ich wollte mir das mal aus der Nähe anschauen und buchte solch ein Wochenende, ausgerichtet von AbsolventInnen der Eliteuniversität St. Gallen. Die daran teilnehmenden BeraterInnen waren allesamt eine Ecke älter als ich und sich einig: Jahrelang seien sie im Hamsterrad gelaufen, ohne zu wissen, was sie eigentlich wirklich vom Leben erwarteten. Nun seien sie erschöpft und deshalb hier im Entschleunigungs-Seminar, um ihre eigene Mitte zu finden. Ich aber war mir sicher: Diese Leute sind so verstockt, »Mitte finden« schaffen die noch nicht mal im Berlin-Urlaub.

Erst einmal saßen wir schweigend und im Schneidersitz im Kreis, eine Stunde lang. Die Klangschalen, die an unseren Ohren vorbeigetragen wurden, lösten bei mir einen temporären Tinnitus aus. Danach standen wir alle auf und wurden angeleitet, uns einen Platz im Raum zu suchen, an dem wir unser Energiefeld am stärksten spürten. Ich spürte nur meinen eingeschlafenen Fuß und blieb stehen, wo ich war. »Nun schließt eure Augen und bewegt euch langsam und achtsam im Raum. Lasst euch treiben und spürt die physische Anwesenheit der anderen, spürt ihre Energiefelder. Versucht, einander nicht zu berühren. Und wenn ihr euch doch berührt, nehmt dies wohlwollend wahr und zieht weiter«, erklärte der Workshop-Leiter säuselnd. Das Ganze war also eine Mischung aus Meditations- und Achtsamkeits-Übung.

Zum Schluss wurden auch noch Räucherstäbchen angezündet, der Erzählstein wurde herumgereicht, und wir sollten einander mitteilen, wie wir uns fühlten. Die plötzlich Tiefenentspannten waren begeistert von der angeblichen inneren Ruhe und sangen Lobeslieder auf die elitäre Teilnehmerschaft des Seminars. Das war das Letzte, was ich von dem Kurs mitbekam. Denn ich wurde von einem nicht enden wollenden Hustenanfall überwältigt, den wohl die Räucherstäbchen ausgelöst hatten, und machte mich schleunigst aus dem Staub …

Damit ich nicht noch einmal in solch einem Seminar landen würde, nahm ich mir vor, mein Leben lieber rechtzeitig zu entschleunigen. Einer meiner größten Stressfaktoren war zu dieser Zeit die Angst davor, erneut einen Flug zu verpassen. Ich nahm mir also vor: Wenn ich zum Flughafen muss, plane ich lieber eine Stunde mehr Zeit ein, um entspannt am Airport anzukommen.

Die Zeit am Flughafen vertrieb ich mir dann damit, meinem ehemals größten Hobby, dem Rolltreppenfahren, nachzugehen. Allerdings faszinierten mich nun die flachen, horizontalen Rolltreppen. Also die Laufbänder, auf denen man nur halb so schnell gehen muss, um doppelt so schnell voranzukommen. Ich lief dann im Schlenderschritt das Band entlang und fühlte mich großartig, wenn die Leute neben der Rolltreppe doppelt so schnell gehen mussten und trotzdem hinter mir zurückblieben. Und ich war mir sicher: Die rote Königin wäre stolz auf mich.

## Kranke Angelegenheit

Wenn man als UnternehmensberaterIn krank wird, dann ist das eine besonders komplexe Angelegenheit. Das habe ich feststellen müssen, als ich mir eine Lebensmittelvergiftung zuzog. Woher sollte ich auch wissen, dass man in Großbritannien nie, niemals eine Pizza in einem Kebab-Laden bestellen darf?! Zugegebenermaßen befand sich der Kebab-Laden in einer dunklen Seitengasse am Bahnhof und sah nicht gerade vertrauenserweckend aus …

Aber ich hatte nun mal einen Riesenhunger und nur 15 Minuten Zeit, bevor mein Anschlusszug abfuhr.

Nachdem ich mir die Vergiftung eingehandelt hatte, fragte ich meinen englischen Bekannten, wieso er mich nicht vor Kebab-Shops in Großbritannien gewarnt habe. »Why should I tell you the obvious? I wouldn't tell you not to run into a burning house, would I? If you didn't know yet: Don't run into a burning house!«

Thank you and sorry. Sorry for not being aware that your kebab shops are so shitty here in the UK.

Nun lag ich also da, in Embryo-Position auf meinem Bett, krümmte mich vor Bauchschmerzen und schob sämtliche Deliverables und Milestones weit von mir. Meinem Projektleiter gab ich per E-Mail Bescheid, dass ich krank sei. Er fragte mich, ob ich denn trotzdem einsatzfähig sei. Ein paar Slides müssten unbedingt fertig werden. Mittlerweile hatte ich dazugelernt und ihm mit »Not possible« geantwortet. Daraufhin rief er mich an und fragte, wie schlimm es denn sei. Ich nahm kein Blatt vor den Mund und erzählte frei heraus von den sechs Malen, die ich am Morgen gekotzt hatte. Damit würde ich für den restlichen Tag in Ruhe gelassen werden. Dachte ich. Etwa zwei Stunden später erhielt ich einen Anruf meines Teamkollegen. Er druckste etwas herum und fragte schließlich, wie es mir mittlerweile gehe. Ich sagte ihm, dass ich das Handy gerade so halten könne, und fragte, wie lange die Inquisition noch andauere, sodass ich, falls notwendig, auf Kopfhörer umsteigen könne. Er verstand den Wink mit dem extra großen Zaunpfahl und übermittelte mir die besten Genesungswünsche plus die Info, dass der Projektleiter wolle, dass ich meinen krankheitsbedingten Ausfall im System eintrage. Ich wusste, was das bedeutete: Es hieß, mir würde dieser Krankheitstag von meiner firmeninternen Auslastungsrate (im Beratersprech »Chargeability« genannt) abgezogen werden. Entsprechend sinken mit jedem Fehltag die Chancen auf einen Jahresendbonus sowie auf eine zeitnahe Beförderung.

Gerade als meine Bauchkrämpfe dank der Kohletabletten nachlassen wollten und ich dachte, endlich etwas Ruhe für ein verlängertes Nickerchen zu finden, rief mich derselbe Kollege noch einmal an. Dieses Mal bat er mich darum, keine Abwesenheitsnotiz in Outlook einzustellen und möglichst auf sämtliche Kundenmails, die heute bei mir eingingen, knapp zu antworten. Ich wusste warum: Der Kunde sollte nichts von meiner Abwesenheit erfahren. Denn so konnte ihm der Arbeitstag doch noch in Rechnung gestellt werden.

Ich fühlte mich ganz matt nach all diesem Telefon-Terror und überlegte mir während des wohlverdienten In-den-Schlaf-Taumelns, was mein Projektleiter wohl dazu sagen würde, wenn ich folgende Out of Office Reply bei Outlook einstellte:

*Dear Sender,*

*Thank you for your e-mail.*
*I am out of the office today.*
*Unfortunately, I cannot tell you why.*
*In urgent cases, please direct your concerns to*
*YouArePayingForThis@Sorry.com*

*Kind regards,*
*Charlie Kant*

## Urlaubsreif

In meinen Gedanken lag ich schon längst in einer Hängematte am Strand von Bali, um mich herum spielten Langschwanzmakaken unter Kokosnusspalmen. In Wirklichkeit saß ich mir aber noch vor dem Laptop den Hintern platt, tippte Formeln in Excel ein und verband Boxen mit Pfeilstrichen in PowerPoint. Doch mein dreimonatiges Sabbatical stand kurz bevor, und innerlich hatte ich mich schon längst abgemeldet. Im Grunde geisterte nur noch meine Hülle am Arbeitsplatz herum. Das bringt allen Beteiligten natürlich nicht viel, denn bei der »inneren Kündigung« lässt die Konzentration erheblich nach, besonders sobald man es sich in der Hängematte bequem gemacht hat.

Deshalb plädiere ich ja für ein Pre-Holiday-Time-Out von zwei Wochen, das natürlich vom Arbeitgeber bezahlt wird. Dabei könnten meine Psyche und mein Körper wenigstens in Einklang kommen und miteinander vereint in der Hängematte liegen.

Aber da es so etwas nicht gibt, musste ich mich darin üben, professionell auszusehen bei kompletter Demotivation. Man will sich schließlich nichts anmerken lassen. Ich trug nun also täglich meine besten Kostüme und legte eine extra Schicht Haarspray auf, um eventuell aufbegehrende Lockensträhnen zu bändigen. Nichts sollte hier nach Urlaub und Entspannung aussehen. Mit geradem Rücken und mit beiden Händen stets an der Tastatur, saß ich an meinem Arbeitsplatz, träumte von den langen Sandstränden in Thailand und den Elefanten auf Bali, während ich in die Zelle bei Excel eintippte: »=IF($C$5=«ALL«,(IF($C$4=«ALL«, (COUNTIFS( …«

Der Urlaub rückte immer näher, nur noch eine Woche war er hin, und mir geisterten einige existenzielle Fragen durch den Kopf: Wie wird mich die Reise verändern? Schließlich sind es drei Monate, die ich ohne Laptop und Berater-typischen Rollkoffer verbringen werde. Werde ich mich danach umorientieren und meinem heimlichen Traumberuf »Schauspielerin« nachgehen? Inwiefern wird mich der Surf-Lifestyle beeinflussen, komme ich mit einem Tattoo am Unterarm zurück?

Auch düstere Gedanken plagten mich, größtenteils Schauergeschichten von Freunden … Jemandem wurde bei der »Full Moon Party« auf Koh Phangan in Thailand angeblich etwas ins Glas gemischt, das ihn die gesamte Nacht durchtanzen ließ. Bis er morgens auf einer Palme aufwachte und nicht wusste, wie er wieder herunterkommen sollte. Und es kam noch gruseliger: Eine Bekannte kannte jemanden, der jemanden kannte, der jemanden kannte, dem Organhändler eine Niere geklaut hatten. Netterweise hatten die ihn aber noch in eine Badewanne voller Eis gebettet und ein Telefon plus Notrufnummer danebengelegt. Sollte ich vorsorgen und sämtliche Notrufnummern Südostasiens auswendig lernen?

Doch genug der negativen Gedanken. Ich widmete mich lieber wieder der Arbeit und tippte in Excel ein: »Bali!$M:$M,$A11, Bali!$Q:$Q,D$8,Bali!$AA:$AA,«<>Resolved«« Und wunderte mich im nächsten Moment, wieso die Formel nicht funktionierte. Der bevorstehende Urlaub raubte mir die letzte Konzentration! Das passte so gar nicht zusammen mit meiner persönlichen »Null-Fehler-Toleranz« am Arbeitsplatz.

Doch die Fehlerquote schnellte an diesem Tag in die Höhe. Die Antwortmail an meine Kollegin auf die Frage, ob ich am Wochenende mit zum Pete-Doherty-Konzert kommen mag, ging versehentlich an den Kunden raus: »Keine Lust, ich will nur abhängen und relaxen. Außerdem muss ich sparen für meine Zeit on the Beach.« Autsch! Schnell eine Entschuldigungsmail hinterhergeschickt.

Während des Meetings am Nachmittag schickte mir mein Kollege, der Principal meines Bereichs, eine Anfrage über den Instant Messenger. Ich antworte ihm knapp und schrieb: »Give me a sex!« Gemeint war natürlich eine »sec«, aber was sagt man dazu noch?!

Am Abend auf dem Weg nach Hause wollte ich meine Mutter anrufen und ihr von den peinlichen Erlebnissen erzählen. »Mama?«, rief ich ins Telefon, »Mama?! Bist du da?« Ein verwirrter Blick aufs Handy-Display, und mir wurde klar: Ich hatte meinen Projektleiter angerufen und seine Mailbox war dran!!!

An diesem Abend fasste ich keine Kommunikationsgeräte mehr an, zu groß war die Gefahr, dass ich noch mehr verbockte! Zu Hause angekommen, legte ich mich in meine Hängematte auf dem

Balkon. Hier bleibe ich mindestens bis morgen früh!, nahm ich mir vor. Oder am besten gleich bis nächste Woche, wenn ich in Urlaub gehe, dann kann auch nichts mehr schiefgehen.

## Gute Vorbereitung ist alles!

Fliege ich nach Thailand, Malaysia, Kambodscha oder vielleicht doch Indonesien? Nehme ich die teure Ray Ban-Sonnenbrille oder doch bloß die von H&M mit? Braucht man ein Moskitonetz, wenn man in Hostels schläft, oder genügt es, sich mit Mückenspray einzusprühen? Ein Urlaub ist ein Graus für Entscheidungsphobiker. Und für jene, die aus jeder Entscheidung eine Wissenschaft machen. Unter Unternehmensberatern ist es eigentlich verbreitet, Entscheidungen nach praktischen Gesichtspunkten und auf rationalen Argumenten basierend zu treffen. Was aber, wenn es gute Argumente für, aber auch gegen ein Moskitonetz gibt? Und an welcher Stelle muss man dem Bauchgefühl Vortritt einräumen und die Ratio hintenanstellen?

Ich hatte mir von der Arbeit also drei Monate freigenommen. Endlich einmal Pause von Milestones, Deliverables und Next Steps! Mein Next Step war es, erst einmal hart zu chillen. Das reihte sich doch gut ein: Work hard, party hard, chill hard! Und zum Glück hatte ich auch eine Freundin, die mit mir reisen wollte. Sie war zufälligerweise auch Beraterin, und wir telefonierten und schrieben uns fast täglich, um die Reisevorbereitungen abzustimmen: Wir erinnerten uns gegenseitig an die Visa, auf die man sich bewerben musste; wir stimmten ab, was in den Koffer eingepackt wurde, und schickten uns YouTube-Videos von Backpackern zu, die ihr Reisegepäck sezieren; wir lasen uns gemeinsam Reiseberichte durch und planten unseren eigenen Blog. Wir bereiteten alles so vor, dass wir hinterher im Urlaub nicht sagen könnten: »Das haben wir noch vergessen!«

Klingt nach Stress? Das war es auch. Bald waren wir beide wirklich urlaubsreif! Aber die gute Vorbereitung würde sich sicher auszahlen. Zwar nicht im Portemonnaie, dafür aber in puncto Sicherheit und dem Gefühl, für alles noch einen Trumpf im Ärmel zu haben! Jemand braucht eine an der Stirn tragbare Taschenlampe? Ich werde sie dabeihaben! Jemand hat sich beim Surfen das Schienbein verletzt und braucht Wundspray? Ich kann helfen! Es klagt jemand während des 30-Stunden-Fluges über Beinschmerzen? Ich ganz bestimmt nicht, denn ich trage Thrombosestrümpfe! Meine Zimmernachbarin wacht mit Moskitostichen übersät im Hostel auf und bekommt Malaria? Ich nicht, denn ich habe mein portables Moskitonetz dabei und bin mit Malaria-Prophylaxe versorgt! Man könnte die Liste endlos so weiterführen.

Ich fühlte mich gut und sicher in dem Wissen, all diese potenziellen Gefahren bereits im Voraus abgewehrt zu haben. Doch das Ganze hatte auch seinen Preis. Die Vorbereitung kostete mich fast so viel wie der Urlaub selbst. Aber ich kaufte eben nur das Beste und wählte es sorgfältig aus: Die Airlines wurden vorher gegoogelt und entsprechend ihrer Sicherheits-Rankings ausgewählt. Die Entscheidung zur Reiseversicherung wurde auf Basis von Vergleichsportalen getroffen. Der Multifunktionsrucksack für das Backpacking wurde im Geschäft speziell angepasst. Das Mückenspray musste mindestens 50 % Deet beinhalten, ich wusste zwar nicht, wofür das steht, aber es sollte helfen! Auch bei den Impfungen machte ich keine halben Sachen: Von Tollwut über japanische Enzephalitis, Hepatitis A und Hepatitis B – alles wurde gespritzt. Gäbe es eine Impfung für Hepatitis C, hätte ich auch die mitgenommen. Ganz egal, was es kostete, denn: safety first! Selbst die Trinkflasche, die ich zum Filtern von Wasser besorgte, wurde angeblich von den NATO-Einsatzkräften verwendet.

Dann waren meine Freundin und ich bei der Frage angelangt, ob sich doppelte Sicherheit auch bei den Kondomen lohnt. Nehmen wir die extra reißfesten oder die ultradünnen, gefühlsechten mit? Gehen wir auf Nummer sicher oder setzen wir auf Spaß?

Von all diesen Überlegungen war mir schon ganz schwindelig, und ich fragte mich: Wäre es nicht am besten, wir blieben einfach zu Hause?! Oder führen einfach mit dem Zug an die Nordsee? Dabei kann nicht so viel schiefgehen, und Impfungen sind auch keine nötig!

## Horizonterweiterung über den Wolken

Meine Reise nach Bali begann im Emirates-Flug von London nach Dubai: Das Bordpersonal kam aus 12 verschiedenen Ländern und sprach insgesamt 16 Sprachen. Beeindruckend! Als Nächstes stellte ich fest: So vielfältig wie die Sprachkenntnisse war auch das Fernsehprogramm an Bord. Es gab so viele gute Filme, dass ich mich kaum entscheiden konnte, und beschloss, eine Prioritätenliste aufzustellen, nach der ich die Filme der Reihe nach abarbeiten würde. Eben ganz Berater-like!

Als Allererstes stand *Hidden Figures – Unerkannte Heldinnen* auf meiner Liste. Dieser Film handelt von drei afroamerikanische Frauen in den Siebzigern, die als Mathematikerinnen der NASA maßgeblich am Mercury- und am Apollo-Programm beteiligt waren. Also zu einer Zeit, in der Rassismus und Misogynie in Amerika die Vorherrschaft hatten! Der Film könnte quasi im Jahr 2017 spielen. Doch die drei Mathematikerinnen kämpfen mit der überzeugendsten Waffe, die uns Menschen gegeben ist: unserer Intelligenz. In einem Meeting berechnet die eine mal eben im Kopf die Koordinaten, bei denen das Raumschiff wieder in die Erdatmosphäre eintreten muss, um sicher landen zu können.

Solch einen Glanzauftritt lege ich beim nächsten Meeting nach meinem Sabbatical auch hin!, nahm ich mir vor. Dabei war das

Einzige, was ich normalerweise im Meeting berechnete, die Zeit, die noch vergehen musste, bis es endete. Na gut, vielleicht waren es auch mal fancy PowerPoint Slides, die ich präsentierte, aber das alles war nun wirklich keine »Rocket Science« …

Der nächste Film war die Dokumentation *Wovon träumt das Internet?*, die ich eher skurril fand. Weil die darin vorkommenden Menschen skurril sind. Oder genial. Genie und Wahnsinn liegen ja bekanntlich dicht beieinander. In dem Film geht es um den informationstechnischen Fortschritt der vergangenen Jahrzehnte. Und vor allem geht es um die Gefahren, die vom Internet ausgehen.

Nehmen wir zum Beispiel den Cyber War. Von dem bekommen wir eigentlich nix groß mit, dabei findet er schon lange statt: Trojaner werden verschickt, Infos geklaut und an falsche Quellen weitergegeben, Spam landet massenweise in unseren E-Mail-Postfächern, etc. Dabei ist Spam davon noch das Harmloseste, bloß für uns kleinen Leute aus der normalen Bevölkerung am nervigsten. Höchstens einer dürfte es mit dem Spam locker sehen, und das ist der britische Comedian und TED-Redner James Veitch. Der macht sich einen Spaß daraus, auf Spam-Nachrichten zu antworten und absurde E-Mail-Konversationen zu führen. Das klang nach Spaß, das musste auf meine Bucket List!

Eine weitere Gefahr stellt laut Dokumentation die Parallelwelt dar, in der manche Spieler von Online-Games leben. In Südkorea zum Beispiel wickeln sich erwachsene Spieler freiwillig Windeln um, damit sie durch einen Toilettengang nicht an Zeit und somit an Punkten verlieren. Das wäre doch mal was für Unternehmensberater – steigert sicher immens die Produktivität! Wäre da nicht das Problem mit dem langen Sitzen. Die Stimme aus dem Off in der Doku berichtet von 50 Stunden und mehr, die einige Spieler am Stück vor ihrem PC verbringen, bevor sie eine Thrombose bekommen und schließlich tot umfallen. Das kam nicht auf meine Bucket List. Zum Glück hatte ich auf meinem Flug nach Dubai Thrombosestrümpfe an.

Laut Doku-Film soll es auch Menschen geben, denen das alles zu viel ist. Die gegen das Internet allergisch sind, so richtig körperlich. Diese Aussteiger besitzen einen sogenannten »Super Sense« und nehmen die Strahlen und Frequenzen des Internets körperlich so stark wahr, dass diese ihnen Schmerzen bereiten. Deshalb leben sie dann entweder in einem Auto, weil das als Faradayscher Käfig den schädlichen Strahlungen standhält. Oder aber sie ziehen in entlegene Gegenden, um den Strahlungen gänzlich zu entkommen. Sie bezeichnen sich selbst oft als »Flüchtlinge« und leben laut eigener Aussage außerhalb ihrer Komfortzone, da sie Familie und Freunde verlassen müssen. Ob ich das mit dem Super Sense wirklich glauben kann, weiß ich nicht. Aber was weiß ich als Beraterin schon von der Welt und ihren Gefahren …

Schließlich wäre die Doku übers Internet und informationstechnische Innovationen nichts wert, wenn nicht auch Elon Musk darin vorkäme. Der Mann, den ich auf meinem LinkedIn-Profil zitiere.

Falls die Menschen sich weiterhin selbst abschaffen und es mit der Erde tatsächlich den Bach runtergeht, hat der amerikanischer Investor und Innovator dafür auch schon längst wieder eine Lösung parat: Im SpaceX, einem von Musk gegründeten Forschungszentrum in Kalifornien, erkundet und plant man das zukünftige Leben auf dem Mars.

In dem Moment, als ich darüber nachdachte, ob ich wohl schon die Fahrkarten zum Mars für meine Urgroßenkel kaufen sollte, wurde ich jäh aus den Gedanken gerissen. Unser Flugzeug setzte zur Landung in Dubai an.

So verging mein erster Urlaubstag im Flugzeug … und ich fühlte mich, als hätte ich bereits so viele neue Eindrücke und Inspirationen gesammelt, dass ich eigentlich auch wieder nach Hause zurückfliegen könnte. Schon deswegen, um die restlichen Filme auf meiner Liste anzuschauen.

## Ich spüre Phantommücken und sehe aus wie ein Glühwürmchen auf Mushrooms

»Welcher Tag ist heute, Dienstag?« – »Nee, Sonntag glaube ich.« Wenn einem das Gefühl für Zeit verloren geht, ist man im Urlaub angekommen. Und wenn man Phantommücken überall an seinem Körper spürt, hat man das Moskitospray vergessen. Manche Mücken waren wirklich da, andere bildete ich mir bloß ein, aus Angst, erneut gestochen zu werden. Phantommücken eben. Dabei hatte ich mir doch extra Moskitospray mit mindestens 50 % Deet-Anteil beim Tropenzentrum besorgt. Und nun versauerten die Flaschen schön zu Hause in meiner Schublade. So spielt das Leben. Gott wollte anscheinend, dass ich zerbissen nach Hause komme. Und außerdem als Rudolph mit den roten Ohren, also anstelle der roten Nase. Denn die Ohren hatte ich glatt vergessen einzucremen, und so glühten sie wie ein Glühwürmchen auf Mushrooms. Lief bei mir.

Doch nicht alles war schlecht. Das Gefühl für Zeit hatte ich, wie gesagt, bereits verloren beziehungsweise an der Rezeption meines Yoga- und Meditation-Retreats abgegeben. Und das Wi-Fi mit dem Passwort »mayallbehappy« machte vor allem happy, weil es nicht funktionierte und man eine Entschuldigung hatte, nicht auf E-Mails antworten zu müssen.

Natürlich war ich im Zimmer mit dem Namen »Om« untergebracht, direkt neben mir in »Ying & Yang« nächtigen die Yogi-Girls. Morgens, wenn ich aus meiner Bambushütte trat, standen die durchtrainierten und ambitionierten Damen dann schon Spalier, um nach ihrer Hatha Yoga Class bei Sonnenaufgang einen Smoothie und Raw Food Snack zu sich zu nehmen. Natürlich Detox. Und glutenfrei. Und weizenfrei. Und überhaupt alles -frei. Nach zwei Tagen aßen meine Freundin und ich lieber am Strand bei den Einheimischen. Da gab es wenigstens etwas, das länger als zehn Minuten satt machte. Auch wenn man nicht wusste, ob das Chicken in Wirklichkeit ein Straßenköter war. Aber das Risiko musste ich eingehen! »Boil it, peel it, fry it or forget it!«, hatten mir meine Freundinnen als guten Tipp für Bali mit auf den Weg gegeben. Wenigstens war der Hund also frittiert.

Und wenn ich schon nicht vom Wheat Belly, also der Weizenwampe, verschont blieb, weil ich munter weiter meinen Gluten-spiegel pflegte, dann blieb mir wenigstens der Bali Belly erspart.

Nach dem Sunrise-Yoga gingen wir nachmittags an den Strand zum Surfen – die Wellen waren so stark, dass man die Vaginal- und Darmspülung inklusive hatte. Abends fiel ich dann mit blauen Flecken am ganzen Körper, Glühwürmchen als Ohren, zerstoche-nen Armen und Beinen, mit Weizenwampe und einem Hund im Bauch tief erschöpft ins Bett und dachte: »Hach, ist Urlaub nicht herrlich?!«

## Same Same but Different

Selbst im Urlaub beschäftigte mich die Berater-Gretchen-Frage: Beratung und was dann? Nach vier Jahren im Consulting wusste ich: Bald ist es auch für mich an der Zeit, Abschied zu nehmen. Ich hatte viel erlebt und viel gesehen. Und würde ich bleiben, erlebte ich vermutlich noch viele weitere spannende Dinge. Doch der CV sagte etwas anderes. Hier war immer nur derselbe Arbeitgeber zu sehen. Und zukünftige Arbeitgeber interessiert bloß, welcher Firmenname dort steht. Als Faustregel für Karrieristen gilt des-halb: Bleibe drei bis fünf Jahre bei einer Firma, dann vollziehe den nächsten Karriere-Move.

Mein nächster Move sollte also sein, zu einem unserer Kunden-konzerne zu wechseln. Allerdings in den Inhouse-Consulting-Be-reich des Konzerns. Ein Headhunter, der mich in Karrieresachen unterstützte, hatte mich darauf gebracht. Er sagte, das sei der per-fekte Soft Exit für mich. Und die Gehaltserhöhung im neuen Job sei ja auch ein nettes Add-on. Schön, dass Headhunter auch Beratersprech können. So klang es gleich glaubhafter in meinen Ohren.

Getreu dem Motto »Erst die Arbeit und dann das Vergnügen« hatte ich vor meinem Sabbatical noch eben alle Interviews samt Case Studies und Brain Teaser für den Inhouse-Consulting-Job hinter mich gebracht. Und nun wartete ich bloß noch gespannt auf das finale Feedback.

Ich lag am Strand und malte mir aus, was ich täte, wenn ich eine Zusage erhielte. Wann würde ich meinen neuen Job wohl antreten können? Was geschähe, falls ich eine Absage bekäme? Wo würde ich mich dann bewerben? Das war natürlich sehr Berater-like, sich die verschiedenen Szenarien auszumalen und bereits die Reaktion auf den jeweiligen Ausgang zu planen. Es war allerdings auch noch etwas anderes: sehr deutsch!

»Wahrscheinlich solltest du dein Gehirn im Urlaub einfach mal in den Standby-Modus versetzen und ausnahmsweise nicht an die Karriere denken. Stattdessen mehr ›Sà-nùk‹ haben, Spaß, wie die Thailänder sagen«, riet mir meine Freundin. Ich beschloss also, eine Runde Windsurfen zu gehen. Das Wetter war dafür an diesem Tag perfekt, denn es wehte etwas Wind, und der Himmel war leicht bewölkt, sodass der Blinzelfaktor erträglich war. Danach bestellte ich am Strand einen frischen Orangensaft. Bekam stattdessen aber einen Ananassaft. »No orange juice?«, frage ich den Kellner. »No, maybe tomorrow. But pineapple good, too. Same same!« Ich probierte. Recht hatte er: schmeckte sogar sehr gut!

Mittlerweile hatten sich die Schäfchenwolken am Himmel in eine bedrohlich aussehende, schwarze Wolkendecke verwandelt. Ich hielt mich also lieber auf dem überdachten Markt auf, gegenüber vom Strand. Sogleich wurde ich von einem eifrigen Händler begrüßt: »Hello, good morning.« Ich schaute auf meine Uhr, die 15 Uhr am Nachmittag anzeigte, und grüßte zurück: »Good morning!« Er zeigte auf seinen Stand mit Früchten, und ich entdeckte dort zwei Fruchtsorten, die mir schon die Tage zuvor vom Moped aus am Straßenrand aufgefallen waren. Fußballgroß und grün mit spitzen Zacken als Schale. Ich glaube, sie hießen Durian und Jackbaumfrucht, aber worin genau der Unterschied lag, wusste ich nicht. »Same same«, versicherte mir der Händler. Und schob grinsend ein »But different« hinterher. Ich kaufte beide Früchte und zog weiter zum Nachbarstand, an dem Aloe-Vera-Gel in Grün und auch durchsichtig verkauft wurde. Ich sollte meiner Schwester eine Tube mitbringen, also fragte ich nach, welches besser ist: »Green better?«

Die Antwort hätte ich mir denken können: »Same same.« Ich schmunzelte und hakte nach: »But different?« Die Verkäuferin überlegte kurz und sagte dann freundlich lächelnd: »Same same!«

Nach einem kurzen, aber heftigen Unwetter machte ich mich auf den Rückweg zu meiner Unterkunft. Dort war Stromausfall angesagt. Das hieß auch: kein W-LAN, OMG! Wie sollte ich denn jetzt erfahren, was so in der Welt passierte, wie sollte ich Fotos vom heutigen Tag an Freunde schicken und meine Inbox auf E-Mails von potenziellen neuen Arbeitgebern checken?!

Ich wollte wissen, wie lang der Stromausfall noch anhalten würde. Die Rezeptionistinnen verstanden nicht ganz, tauschten sich dann kurz auf Thailändisch aus und sagten mir schließlich: »Two hours.« Die Angabe kam mir höchst spekulativ vor, beruhigte jedoch mein westliches Gemüt. Nach drei Wochen in Thailand wurde mir bewusst: Bei den Thailändern können wir Deutsche uns so einiges abschauen. Und damit meine ich nicht nur die einmalig guten Thai-Massagen oder die leckeren Pad-Thai-Gerichte. Ich denke dabei vor allem an die Leichtigkeit und den Humor, mit dem sie an Dinge herangehen und mit dem sie Wahrheiten ins Augen blicken.

Am nächsten Morgen floss der Strom wieder und auch das W-LAN funktionierte. Routiniert checkte ich vom Bett aus die News und versendete Bilder vom gestrigen Tag an Freunde. Und dachte dabei: So schlecht war der Abend ohne Internet gar nicht.

In dem Moment vibrierte mein Handy. Mein E-Mail-Postfach hatte sich aktualisiert, und neben zahlreichen Werbe-E-Mails sowie Facebook- und Twitter-Benachrichtigungen blinkte auch eine E-Mail des Headhunters auf: »Gratuliere, Charlie: Die neue Firma will dich haben! Ihr Angebot umfasst ein Fixgehalt von …« Ich hörte auf zu lesen.

Ich hatte Szenarien dazu entworfen, was passiert, wenn ich eine Zusage oder eine Absage erhalte. Ich hatte mich jedoch nicht mit der Option befasst, dass ich das Jobangebot ausschlage.

Mein Headhunter hatte vor meinem Urlaub gesagt, der Job gebe mir »the best of both worlds«: Es sei zwar immer noch eine Unternehmensberatung, die Aufgaben wären also genau so vielfältig und spannend wie bisher. Doch die Personen auf Kundenseite wechselten nicht ständig und seien vermutlich im Umgang freundlicher, da sie wissen: Man gehört ja zur Firma.

Doch das waren lediglich die Annahmen meines Headhunters! Und die wesentlichen Punkte, die mich nach vier Jahren am Berater-Dasein störten, wären weiterhin vorhanden gewesen: Man lebt unter der Woche in Hotels und aus dem Koffer, man arbeitet viele (unbezahlte Über-)Stunden, und es gilt, ständig erreichbar zu sein.

»Same same but different«, schoss es mir in den Kopf. Und in dem Moment entschied ich, das Angebot auszuschlagen. Denn die Thailänder haben mich eines gelehrt: Oft ist same genauso gut wie same. Und am Ende ist es eben same same.

## Stadtgeflüster

Wir Unternehmensberater wären die perfekten Verfasser von Reiseführern oder Restaurantratgebern für Metropolen. Denn als Consultant kommt man nicht nur sehr viel rum und erfährt, wo die Hot Spots sind, sondern man lernt auch eine Menge über die Menschen, die in der jeweiligen Stadt leben. Das Unterwegs-Sein nervt zwar manchmal auch, jedoch kann man immer mitreden, wenn es um Geografie und Städtereisen geht.

Nach einigen Jahren des Wohnens und Arbeitens in glamourösen Städten wie Berlin, München, London aber auch an eher unglamourösen Orten wie Görlitz, Pfronten und Blackpool, habe ich feststellen können: Jede Stadt will dir etwas anderes sagen und eine andere Lebensweisheit mit auf den Weg geben.

Nehmen wir Blackpool. Einst ein von Touristen zahlreich besuchter Familien-Erholungsort an der nordwestlichen Küste Großbritanniens, mit kilometerlangem Strand und einem der bekanntesten Freizeitparks. Seitdem die Welt lieber die Billigflugangebote nutzt und ins Ausland fliegt, verirren sich jedoch nur noch wenige Engländer nach Blackpool. Es ist zu einem trashigen Ort mit hoher Arbeitslosigkeit geworden. Letzteres spiegelt sich auch im Brexit-Referendum wider: In Blackpool waren die »Leave«-Stimmen am lautesten. Auch hinterher, nach dem Votum, zeigt niemand eine Spur von Reue: #NoReGrexit lässt grüßen! Doch ein Gutes hat es, für eine begrenzte Zeit in Blackpool zu arbeiten. Man lernt das Leben fernab des Großstadt-Reichtums und Trubels kennen. Man trifft echte Briten und nicht nur die »zugezogenen Expats« und Londoner. Authentizität, das bekommt man in Blackpool.

Selbst in Berlin ist mir Authentizität verwehrt geblieben: Für ein Studiumspraktikum bei einer Unternehmensberatung zog ich für eine Weile dort hin. Enttäuscht bin ich damals zu der Erkenntnis gekommen, dass man in Berlin wahrscheinlicher auf einen Franzosen mit Schnauzer als auf einen Berliner mit Berliner Schnauze trifft. Alle sprechen nur noch Englisch, überall arbeiten Nicht-Berliner. Als mich der Hipster hinter der Theke des Café Sankt Oberholz fragte: »What can I get you?«, war ich kurz verleitet, so zu tun, als verstünde ich ihn nicht.

Doch es gibt Momente, in denen sich einem noch das »wahre Berlin« zeigt: Auf dem Weg zu meinem Praktikumsort lief ich am Morgen durch Kreuzberg, bevor ich in die U-Bahn stieg. Als ich aus dem Wohnungseingang eines Nachbarhauses ein an der Leine geführtes Wildschwein erblickte, erschrak ich. Doch nachdem ich mit »Dit is keen Wildschwein, dit is een Hausschwein« aufgeklärt wurde, war ich beruhigt.

Es gibt außerdem noch einen Ort, an dem die Berliner Schnauze Programm ist: im Trinkteufel in Kreuzberg, auch »Tor zur Hölle« genannt. Ich selbst war nie Gast in der Bar, aber jeden Morgen lief ich im Kostüm und High Heels an ebenjenem Tor zur Hölle vorbei und stieg über die auf dem Boden vor dem Bareingang liegenden Alkoholleichen vom Vorabend. Eines Morgens wurde ich von einem Typen so begrüßt: »Machst hier een uff Graf Koks, wa?«

In Berlin ist eben zu jeder Uhrzeit Rausch-Hour, in London beginnt dafür jeden Tag pünktlich ab 17:00 Uhr die Rushhour. Denn die Engländer machen rechtzeitig Feierabend, um danach noch auf ein Bier in den Pub zu gehen oder einfach, um nach Hause zu fahren und dort ihre bunten Strümpfe zu waschen und auf die Wäscheleine zu hängen. Doch selbst im dichten Gedränge bleiben die Londoner noch höflich. English Politeness, ich liebe dich! So wie der zahnlose Obdachlose am Piccadilly Circus, der mich ansprach und um Geld bat: »Excuse me, my love, would you be so kind to spare some change, please?« Allein für die Aneinanderreihung dieser eklig höflich klingenden Worte hätte ich ihm einen Obolus geben müssen.

Auch in München sind die Leute sehr höflich. Wahrscheinlich weil sie mir alle nur teure Trüffel verkaufen wollen. Denn egal ob Trüffelpasta, Trüffelpizza, Pommes mit Trüffelöl – in München sind die edlen Pilze scheinbar allgegenwärtig und einfach in jeder Zubereitungsform erhältlich. Und so schlägt man sich im Winter in München den Wanst mit Trüffeln voll, und im Sommer lässt man sich auf einer aufblasbaren Plastik-Brezn mit Bier in der Hand auf dem Eisbach treiben. Aber nur bis zur ersten oder zweiten Brücke, und dann nix wie zurück ans Ufer, man will schließlich nicht die heil'gen Münchner Grenzen verlassen! Und wenn man als waschechter Münchner doch einmal nach Berlin ziehen sollte, dann wird dies unter keinen Umständen der Großmutter mitgeteilt, um ihr den Herzinfarkt zu ersparen. Oder ihr wird allenfalls erzählt, man bringe nun den »Preißn« bei, wie man ein richtiges Bier zapft und wie das Hausschwein erlegt und zur Schweinshax'n verarbeitet wird …

## Träume einer Unternehmensberaterin

»Wer Visionen hat, sollte zum Arzt gehen!«, sagte Helmut Schmidt einst nüchtern. Ob er tatsächlich nüchtern war, als ihm dieser Spruch über die Lippen ging, da bin ich mir nicht so sicher. Ich bin nämlich nicht ganz seiner Meinung, denn ich finde Zukunftsvisionen sehr wichtig. Davon zu träumen, was man einmal erreichen oder besitzen möchte, ist einfach unbezahlbar. Es ist fast wertvoller als das Gefühl, das aufkommt, wenn man seine Ziele tatsächlich erreicht hat.

Ich selbst hatte auch mal eine Vision, damals war ich erst sieben Jahre alt. Es war ein heißer Sommertag, und ich saß auf der Wiese in unserem Garten, schnitzte gerade ein Pferd aus Holz. Ich stellte mir vor, wie es wäre, erwachsen zu sein, und was ich wohl beruflich tun würde. Und ich war mir sicher: Ich werde einmal eine bekannte Erfinderin, die für ihre einzigartigen Innovationen in das Guinnessbuch der Rekorde und damit in die Geschichte eingehen wird. Gut, dass bis heute noch keine Zeitmaschine erfunden wurde und ich nicht Gefahr laufe, meinem früheren Selbst die narzisstischen Träume kaputtzumachen. Oder vielleicht habe ich die Maschine ja bereits erfunden, und wir leben gerade in der Vergangenheit. Aber zurück zu meinem früheren Ich: Wenn es gewusst hätte, dass ich einmal Unternehmensberaterin werde, hätte es bestimmt das Holzpferd genommen, es quer durch den Garten gepfeffert und schließlich den Glauben an sich selbst verloren.

Heute sind meine Träume sehr viel bodenständiger. In spätestens zehn Jahren möchte ich vor allem drei Dinge besitzen: Einen schallisolierten Raum, ein erstklassiges Soundsystem und ein Gartenhäuschen. Mit dem Soundsystem höre ich mir dann, im schallisolierten Raum sitzend, Klassiker von Alicia Keys, Amy Winehouse oder Phil Collins in lupenreiner Qualität und zum Mitsingen an. Und in dem Gartenhäuschen halte ich eine ganze Meerschweinkolonie. Aber nicht diese zotteligen Langhaar- oder diese kratzigen Kurzhaar-Meeries, sondern die richtig kuscheligen Rosettenschweinchen. In meiner Freizeit oszilliere ich dann nur noch zwischen schallisoliertem Raum und Gartenhäuschen …

Kollegen, denen ich von dieser Vision erzählte, fanden sie immer skurril. Besonders der Vorstellung von einer Horde Meerschweinchen konnten die meisten nichts abgewinnen. In der Schweiz hingegen nimmt man die Nager und deren Befindlichkeiten wenigstens noch ernst. Hier gibt es sogar eine Meerschwein-Leihstation. Nicht etwa um sie als Natur-Rasenmäher zu vermieten (wobei sie dafür grandios geeignet wären). Auch nicht, um sie als therapeutische Palliativmethode in einem der zahlreichen Hospize einzusetzen. Sondern – und hier kommt mal wieder die regelkonforme Schweiz zur Geltung – weil es gesetzlich verboten ist, ein Meerschwein allein zu halten. Falls einem also fast alle Meeries weggestorben sind und nur noch eines übrig geblieben ist, muss man sich per Gesetz ein zweites mieten, bis dass der Tod sie scheidet. Dann kann man das Pflegeschwein wieder abgeben. So viel zum Fun Fact Meerschwein.

Für all die Berater, die beruflich viel unterwegs sind, habe ich mir bereits eine digitale Lösung bezüglich der Versorgungsstrategie für meine Meeries überlegt. Meine Kunden im Energiesektor beriet ich in puncto Smart Home und Big-Data-Nutzung. Und bald könnte ich zur Expertin auf dem Gebiet »Smart Home 4 Guinea Pigs« werden. Meine Vision sieht folgendermaßen aus: Solarziegel auf dem Dach meines anvisierten Gartenhäuschens stellen die Stromquelle für den automatisierten Futterspender sowie für die Kühlvorrichtung des Futtergemüses dar. Die Frequenz der Futterabgabe richtet sich danach, wie laut das Fiepen der Meerschweine ist. Damit sie jedoch nicht konditioniert werden, durch ständiges Fiepen den Futterspender auszulösen, ist eine fünfminütige Verzögerung eingebaut. Natürlich bin ich auch über mein Handy connected und kann die Futterausgabe sowie Temperatur im Gartenhäuschen remote steuern. Ein Smell Detector überliefert ein Signal, sobald es Zeit wird, das Streu zu erneuern. Eine zusätzliche Kontrollstufe, natürlich in Real Time, ist durch eine im Gartenhäuschen angebrachte Kamera gewährleistet. Auf meinem Home Screen kann ich mir die Liveübertragung jederzeit im Smart-Pet-TV anschauen. Alternativ kann ich auch eine Drohne ins Gartenhäuschen schicken.

Das alles ist Teil meiner speziell für Meerschwein-Liebhaber entwickelten Produktlösung. Als Nächstes ließen sich die Ideen sicher auf Hunde, Katzen und Pferde übertragen.

Und wenn ich Glück habe, komme ich auf dem Weg dieser Smart-Pet-Erfindung doch noch zu meinem Eintrag. Zum Beispiel beim Deutschen Patent- und Markenamt. Man wird ja wohl noch träumen dürfen!

## KAPITEL 5

# DER AUSSTIEG AUS DER UNTERNEHMENS-BERATUNG

## Wer lacht, hat noch Reserven

Wer kennt es nicht: Man ist auf einem öffentlichen Networking-Event oder der Firmen-Weihnachtsfeier und bekommt vom aufgesetzten Dauer-Grinsen eine Gesichtsstarre. Alle Muskeln im Gesicht schmerzen, selbst die, die man vorher nicht kannte. Man verschwindet deshalb regelmäßig zur Toilette, um seine Gesichtsmuskeln zu entspannen. Dort stretcht und massiert man seine Muskulatur und sieht dabei aus wie »Ghostface« aus *Scream*. Oder man lässt ganz einfach den Unterkiefer locker und macht mit dem Mund ein Geräusch, das nach einem schnaubenden Pferd klingt. Nach dem Event wird später zu Hause noch ein entspannendes Schaumbad genommen.

Hach, waren das noch herrliche Zeiten, als es viel zu lachen gab. Lange, lange waren sie her oder zumindest fühlte es sich so an. Und selbst, wenn das Lachen nicht immer von Herzen kam, nach ein paar Jahren als Beraterin, war mir das auch fast egal. Denn mir war das Lachen seit einiger Zeit vergangen: Eine Deadline jagte die nächste, der Kunde erhöhte den Druck, ständig kam spontan etwas Neues hinzu. Das Office verließ ich meist erst um Mitternacht und dachte dann an die Dinge, die ich eigentlich noch hätte erledigen sollen. Der Satz »Ich arbeite dann von zu Hause aus weiter« war zum Must-say für jeden geworden, der vor 20:00 Uhr nach Hause ging. Tagsüber ging es um Effizienz, Priorisierung und die richtigen Next Steps, um ja keine Zeit zu verlieren. Und erst recht nicht für unnötigen Small Talk oder ausgelassene Unterhaltung. Wer es wagte, an meinem Schreibtisch vorbeizukommen und zu fragen, was ich am Wochenende so geplant habe, bekam bloß einen bösen Blick.

»You're suffering from the ›Miserable Workaholic Syndrome‹«, sagte ein Freund, dem ich beichtete, nun schon seit Wochen nicht mehr gelächelt, geschweige denn richtig herzlich gelacht zu haben. Doch ein Burn-out konnte ich mir nun wirklich nicht leisten! War aber auf dem besten Weg dorthin, zumindest laut Stufenmodell des Burn-out-Experten Burisch: Unbezahlte Mehrarbeit, empfundener Zeitmangel, chronische Müdigkeit, Empathieverlust und Fluchtfantasien – alles Dauerprogramm in meinem Leben. Dazu kamen Übellaunigkeit, Gereiztheit und Gefühle des Versagens.

Es wurde Zeit, dem Leiden ein Ende zu bereiten. Aber nicht im klassischen, suizidalen Sinne. Sondern mit Lach-Yoga. Allerdings vorerst virtuell und aus der Ferne betrachtet. Bei YouTube gab es eine Menge kurioser Varianten, die mich alle irgendwie erheiterten. Und damit war auch mein selbst auferlegtes tägliches Lachpensum erreicht. Um keine kostbare Zeit zu verlieren, hatte ich mein Lach-Yoga außerdem optimal in den Alltag integriert: Morgens unter der Dusche lachte ich lauthals fünf Minuten lang. Und ich fand, das musste ausreichen, denn, so sagen Berater schließlich immer: »Wer lacht, hat noch Reserven.«

## Are You Winning or Losing?

Ich hatte Geburtstag und feierte diesen gemeinsam mit meiner Freundin in einem Londoner Casino. Dabei hatte es uns beide eher zufällig dorthin verschlagen, weil die benachbarten Bars alle bereits geschlossen waren. Doch umso besser für uns: Wir wollten uns schon immer ein Bild davon machen, wie es in einem Casino zugeht, und nun war es endlich soweit.

Wir tauschten unser gesamtes Bargeld in Chips ein und zogen los zu den Roulette-Tischen. »Are you winning or losing?«, wurden wir an jedem Tisch von den Männern aufs Neue gefragt. Zunächst lautete unsere Standardantwort: »Winning, of course!« Nur war die selbst prophezeite Glückssträhne irgendwann nicht mehr glaubwürdig. Wir verloren alle Wetten, obwohl wir bei jedem Spiel immer auf mindestens ein Drittel der vorhandenen Zahlen zugleich setzten. Von wegen Anfängerglück! Aber wir konnten auch nicht aufhören – und gaben das beste Beispiel für das »Too much invested to quit«-Phänomen ab! Irgendwann antworteten wir auf die Frage bloß noch mit: »We are enjoying!« Die gute Miene zum verlorenen Spiel hielten wir, solange wir konnten, aufrecht und forderten unser Glück aus Verzweiflung damit heraus, dass wir der Croupier-Dame versprachen, ihr die Hälfte unseres Gewinns als Trinkgeld zu geben, wenn wir endlich einmal gewännen. Doch auch das ließ die streng ausschauende Frau offensichtlich kalt, sie hatte unsere Gewinnwahrscheinlichkeit bestimmt schon längst auf null taxiert.

Sicher wären die Bars neben dem Casino, hätten sie denn geöffnet gehabt, die günstigere Option gewesen. Das fiel mir am nächsten Morgen auf, als ich in ein Portemonnaie blickte, das noch müder gähnte als ich selbst. Außerdem ließ mich die Frage »Are you winning or losing?« nicht mehr los. Ich fragte mich, wie meine Gewinnchancen eigentlich im Job aussahen. Waren die Bedingungen wirklich fair oder einfach nur willkürlich wie beim Roulette? Noch viel brennender interessierte mich allerdings die Frage: Gehöre ich zu den Gewinnern oder den Verlierern in meinem Beruf?

Im Spiel hatte ich, kurz bevor der Ball aufhörte zu rollen, jeweils noch einmal alles versucht: Wahrscheinlichkeitsberechnung, Kesselgucken, auf all die Felder gleichzeitig setzen, die für mich nach einer Glückszahl aussahen.

Auch im Beruf gab ich vor meiner Chance auf eine Beförderung noch einmal alles: Ich arbeitete Extrastunden, nahm mehr interne Arbeit an, erweiterte ununterbrochen mein Netzwerk, zeigte insgesamt noch mehr Commitment. Denn: Die Hoffnung auf immer mehr lässt einen am Ball bleiben.

Das kann natürlich auch süchtig machen. Und bevor es heißt: »Rien ne va plus«, bevor der Ball schließlich ganz aufhört zu rollen und nichts mehr geht, muss man sich darüber klar werden: Am I actually winning or am I losing? Gehe ich mit oder steige ich aus?

## In or Out

Ich dachte immer, im Beratungsbusiness gehe es um die Frage: »Up or out?« Nach ein paar Jahren als Beraterin aber hatte ich verstanden: Berater fliegen viel von A nach B, doch genauso schnell fliegen sie von heute auf morgen vom Projekt. Die relevante Frage ist also nicht: »Up or out?«, sondern vielmehr: »In or out?«

Ich habe zahlreiche Leute von Projekten fliegen sehen, und dabei hatte es denjenigen nie an den kognitiven Fähigkeiten gemangelt. Wie ein berufserfahrener Kollege mir erklärte, ist dein »I can« im Beratungsbusiness mehr wert als dein »IQ« – ein professionelles, engagiertes und überzeugendes Auftreten ist wichtiger, als Einstein-artige Aussagen von sich zu geben!

Ein einfacher Grund also, weshalb Leute obsolet wurden, war, weil sie sich nicht gut verkauften. Eine Kollegin trug angeblich »zu kurze Röcke« und untergrub dadurch ihre Glaubwürdigkeit (Credibility). Ein anderer Kollege machte zu lange Mittagspausen (Stichwort: »Lunch is for Losers«), und eine wiederum andere Kollegin deliverte das Ergebnis erst zwei Wochen nach der Deadline. Damit war auch ihr angenommener Mehrwert (Value Add) im Eimer!

Zugegebenermaßen keine klugen Schachzüge. In anderen Fällen jedoch geschah es aus nahezu willkürlichen Gründen heraus, dass der Kunde forderte, einen Consultant vom Projekt zu nehmen. Die besagten KollegInnen hatten dann jeweils ein paar Stunden Zeit, um ihre Aufgaben abzuschließen, Laptop und Handy zurückzugeben und sich bei relevanten Personen zu verabschieden, bevor sie vor die Tür gesetzt wurden. Beratung wird dann zum Eintagsfliegen-Geschäft oder zum »Cut-throat Business«, wie man im Beratersprech sagt. Und als Kollegin dieser Leute fragt man sich, ob man selbst die Nächste sein wird, die vom Projekt fliegt.

Immerhin zahlt der Kunde sehr viel für diese Freiheit. Und trägt dadurch keine weiteren Risiken und Verpflichtungen. Seine per-

sonelle Verantwortung beschränkt sich einzig und allein auf die eigene, feste Belegschaft.

Und wie fühlt man sich als BeraterIn, wenn man vom Projekt fliegt? Natürlich ist es einem peinlich vor den Kollegen, vor allem aber ist es ärgerlich. Denn es geht wertvolle »buchbare« Zeit verloren, die einem die beratungsinterne Auslastungsrate (Chargeability) versaut … Nicht auf einem Projekt zu sein bedeutet, dass die Bewertung der Performance schlecht ausfällt und Bonus und Beförderung in die Ferne rücken …

Die Konsequenz der Volatilität des Berater-Jobs ist: Die andauernde Sorge, vom Projekt zu fliegen, motiviert den Berater, auf Hochtouren zu laufen und den eigenen Mehrwert kontinuierlich unter Beweis zu stellen.

Die Karriereempfehlung für jeden Consultant lautet deshalb: Auf jeden Fall »in« und dann hoffentlich »up«, um keinen Preis jedoch »out«.

## Fluktrophe

Abschieds-Mails von BeraterkollegInnen fliegen in die Outlook-Inbox eines Consultants wie Viagra-Werbung in den Gmail-Spam-Ordner. Und trotzdem las ich mir jede der E-Mails, im Gegensatz zur Viagrawerbung, durch und archivierte sie anschließend im »Rest in Peace«-Ordner. Das hatte für mich einfach etwas mit Respekt zu tun. Respekt davor, dass die KollegInnen all ihre euphemisierenden Bullshit-Künste aktiviert hatten, um mir final noch einmal Berater-Honig ums Maul zu schmieren: »Ich hatte eine intensive, aber auch grandiose Zeit. Und das vor allem dank der tollen Kollegen!!!« Okay, ich hatte den betreffenden Kollegen zwar schon seit dem Induction Day vor drei Jahren nicht mehr gesehen, aber ist es nicht trotzdem nett, wenn sich jemand abmeldet?!

Ich stellte daraufhin Nachforschungen an und fand heraus, dass in meiner Business Unit innerhalb eines Jahres ein Drittel der Belegschaft gekündigt hatte. Ist das nicht eine Fluktrophe? Also eine Fluktuationskatastrophe? Oder ist das doch bloß Teil der Geschäftsstrategie? Dass sich niemand die Mühe macht, an dieser Statistik etwas zu ändern, hängt vor allem damit zusammen, dass es jobimmanente Aspekte sind, die für die hohe Austrittsquote sorgen: die langen Arbeitszeiten, das viele Reisen, der ständige Zeitdruck … Die Exit-Strategie der Unternehmensberater ist allseits bekannt: Sie bleiben ein paar Jahre im Consulting und nutzen es quasi als Sprungbrett, um im Anschluss etwas anderes zu machen. Das weiß jeder, und das ist auch okay so. Die brennende Frage ist also nicht, wie man Leute in der Beratung hält, sondern vielmehr: Was macht ein Ex-Berater als Nächstes? Wie gesagt, schon so einige meiner hoch-performanten Kollegen hatten der Firma den Rücken gekehrt. Und ich war mir sicher, dass sie vorher Analysen gefahren hatten, um ihren optimalen Next Step nach dem Exit aus der Beratung zu ermitteln.

Dabei gibt es eh bloß vier mögliche Antworten auf die Frage »Beratung und was dann?«:

Entweder man geht in die Entwicklungshilfe (»Endlich etwas Sinnvolles tun!«), oder aber man gründet sein eigenes Start-up (»Endlich selbst Verantwortung für Entscheidungen übernehmen!«). In beiden Fällen ist der Gehaltsverlust ein herber, aber das angesparte »Fuck-You-Money« aus dem Beraterjob hält einen zumindest eine Zeit lang über Wasser. Eine weiteres oft gesehenes Phänomen ist, dass Berater plötzlich bei ihrer vorherigen Kundenfirma anheuern. Hier fällt mir spontan ein treffender Slogan für die berüchtigte Abschiedsmail ein: »Auf der anderen Seite ist das Gras eben grüner.«

Eine weitere Option, die den Beratern beim Ausstieg bleibt, ist der Transfer zu einer der Konkurrenzberatungen. Was das jedoch wirklich an Änderung mit sich bringen soll und wie erfolgreich die

Exit-Strategie damit war, bleibt zu hinterfragen. Denn: So richtig raus aus der Beratung ist man dann ja doch nicht. Aber auch für diese Option hätte ich die passende Betreffzeile parat: »Mein persönlicher Brexit: Raus, aber doch nicht ganz raus.«

## Wer zu lange bleibt, wird einsam oder dick

Wer zu lange in der Unternehmensberatung bleibt, wird entweder einsam oder dick. Einsam, weil man die Abende allein im Hotel verbringt. Da schafft selbst das beste Fünf-Sterne-Hotel keine Abhilfe. Und dick wird man ganz einfach, weil man es kann.

Im Jahr 2011 habe ich mir die Dokumentation *Karriere und kein Kuss?* im ZDF angesehen und dachte damals: erbärmlich, diese Karrierefrauen, die abends alleine auf dem Sofa sitzen und Selbstgespräche mit ihrer Katze führen. Heute wäre es statt der Katze wahrscheinlich die digitale Variante »Siri« oder »Alexa«, aber das macht es nicht weniger traurig.

Außerdem stehen Karrierefrauen angeblich auch ganz oben auf der Liste der Kundinnen von Escort-Männern. Selbst aus feministischer Sicht kann ich dieser Tatsache nichts abgewinnen. Seitdem ich die Doku gesehen habe, spukt sie in meinem Kopf herum. Und mit ihr die personifizierten Spaßbremsen, die als »Karrierefrauen« vorgestellt wurden. Verschroben und exzentrisch ... Schon damals war mir klar: So möchte ich niemals werden!

Doch heute, einige Jahre später, erkenne ich, wie schwer es ist, neben dem Beruf auch noch Freundschaften zu pflegen. Insbesondere für uns Consultants ist das geradezu unmöglich. Was die Einsamkeit betrifft, bin ich deshalb stolz darauf, sagen zu können: Eine Katze besitze ich nicht, und auch Siri aktiviere ich äußerst selten. Meistens aus Versehen, wenn ich den Knopf meines iPhones mal wieder zu lange gedrückt halte. Aber dann wirklich bloß versehentlich. Allerdings, zugegebenermaßen, kann es einem manchmal etwas einsam ums Herz werden. Wenn man die ganze Woche lang fernab von der Heimat, der Familie und den Freunden verbringt und abends beginnt, die Wartezeit im Restaurant damit zu überbrücken, die Reisekostenabrechnung auf dem Handy zu erledigen. Danach geht man zurück ins Hotel und hockt alleine in seinem sterilen Zimmer, den Laptop als einzig bekanntes, persönliches Utensil im Blick. Die Freunde in der Heimat haben indessen eine »Fun Night Out«, und man selbst kann nur virtuell über WhatsApp, Instagram oder Facebook daran teilhaben. Dann dreht man den Fernseher im Hotelzimmer auf volle Lautstärke, duscht so ausgiebig und lange, bis die Shampoo- und Conditionerflaschen, die das Hotel bereitstellt, komplett aufgebraucht sind. Und zum Schluss plündert man noch auf Firmenkosten die Mini-Bar und fällt todmüde und mit der festen Überzeugung ins Bett, einen guten Abend gehabt zu haben.

Nach mehreren Monaten alleine auf einem Projekt »in the middle of nowhere« beginnt deshalb auch der hart gesottenste Consultant zu wischen. Auf Tinder, der angesagtesten App unter Beratern, wischte ich meine Dating-Vorschläge weg, bis es nichts mehr zu wischen gab. Schließlich wurde mir angezeigt: »Keine Matches in deiner Nähe« – ich hatte sie alle abgelehnt! Dead End! Ich war in der Tinder-Sackgasse gelandet … Ich fand, an dieser Stelle müsste es einen Link zu einer Art Live-Chat-Applikation geben. Um Consultants wie mir das Gefühl zu geben, dass einem noch alle »Optionen offenstehen«, und um einen vor der völligen Vereinsamung zu bewahren. Ich schrieb also kurzerhand ein Konzept für das Tinder-Add-on, das die User Experience verbessern sollte.

Was die Sorge vor der Fettleibigkeit betraf, arbeitete ich seit dem ersten Tag in der Unternehmensberatung mit einem allmorgendlichen Gymnastikprogramm eisern gegen aufbegehrende Speckröllchen an. Wenn ich es doch einmal vergessen haben sollte, machte ich stattdessen 100 Kniebeuge in der Klokabine bei der Arbeit. Doch das mit der Gewichtszunahme passiert schneller, als ein

Consultant »Lessons Learnt« sagen kann. Schließlich kommt der Begriff »Beraterring« nicht von ungefähr … Was nach einem brancheneigenen Swingerklub klingt, beschreibt in Wirklichkeit den Speckring, der sich bald bei jedem Consultant bemerkbar macht.

Und irgendwann gab es auch bei mir eine Zeit, da schlich der Schlendrian in mein Fünf-Sterne Hotel mit Spa und Wellness-Bereich. Das allmorgendliche Sportritual wurde zur Ausnahme, und abends arbeitete ich entweder bis nach Mitternacht, oder ich verdaute mein Drei-Gänge-Abendessen beim anschließenden Wellnessprogramm. Letzteres tat ich dann immer häufiger, da ich das Gefühl hatte, durch das feine Dinieren eine Art Entschädigung für die harte Arbeit zu erfahren. Oder einfach, weil ich ja »sonst nichts Besseres zu tun« hatte. Doch als meine Anzughose deutlich eine Nummer zu klein war, verstand ich endlich: Ich hatte zugenommen!

Nun sind ja dicke Leute angeblich zufriedener. Ich trug also eine Weile meinen ganz persönlichen, kleinen Beraterring mit mir herum. Bis ich davon genug hatte. Dann entwickelte ich eine Excel-Tabelle, die mir half, mein Wunschgewicht zu erreichen. Und irgendwann werde ich die »Vorher, nachher«-Bilder zusammen mit der Excel-Tabelle an Weight Watchers schicken. Die Formeln und bedingten Formatierungen sind einfach zu genial, um sie anderen Leuten in Not vorzuenthalten!

Da dachte ich immer, mich könnten weder Einsamkeit noch Gewichtszunahme heimsuchen! Doch musste ich mir eingestehen: Auch ich als selbst-optimierte Unternehmensberaterin war nicht davor gefeit. Aber ein Gutes hatten diese »Low Hanging Fruit«-Erfahrungen dann doch. Ich hatte bereits eine Antwort auf die Frage nach meiner persönlichen Exit-Strategie: Meine Karriere würde ich nach meinem Ausstieg aus der Beratung entweder bei Weight Watchers oder bei Tinder fortführen! Die Einstiegsvoraussetzungen sah ich dank meiner genialen Geschäftsverbesserungsvorschläge bereits zufriedenstellend erfüllt.

## Die Exit-Strategie

Wer eine Mitfahrgelegenheit bucht, statt den Zug zu nehmen, weiß, was er neben einer günstigen Fahrt bekommt: Unterhaltsame Gespräche und interessante Einblicke in das Leben anderer Menschen. Als für mich ein Besuch bei Freunden anstand, entschied ich mich dafür, die Strecke Augsburg nach Hannover mit der Mitfahrgelegenheit zu fahren. Dabei ließen die Einblicke in die psychologischen Abgründe der Menschen nicht lange auf sich warten. Bereits nach fünf Minuten begann mein Fahrer mir zu erklären: Eigentlich, in Wirklichkeit, existiere die Bundesrepublik Deutschland gar nicht. Denn sie sei auf einer großen Lüge aufgebaut und demnach gelten auch keine Gesetze, Rechte oder Pflichten. Der Fahrer meiner Mitfahrgelegenheit schien das alles bereits genauestens durchleuchtet zu haben. »Deutschland ist immer noch unter amerikanischer Ägide, also besetztes Land«, sagte er. »Denn wir haben seit dem Zweiten Weltkrieg keine richtige Verfassung, sondern nur das Grundgesetz. Und damit ist die Rechtsform von Deutschland korrekterweise eine GmbH. Die sogenannten ›Bürger‹ Deutschlands sind demnach Angestellte dieser GmbH.«

Auf dem Rücksitz im Auto sitzend recherchierte ich schon mal vorsichtshalber alternative Fahrmöglichkeiten und spielte mit dem Gedanken, bei der nächsten Gelegenheit aus- und auf die Deutsche Bahn umzusteigen. Doch dann entschied ich mich doch, im Auto sitzen zu bleiben, und zückte zudem meinen Notizblock, um die Ergüsse meines Fahrers festzuhalten.

»Die ›Angestellten der Deutschland GmbH‹ wissen von alldem nichts, da sie mit Kalkül dumm gehalten werden. Ein Beweis gefällig? Selbst auf unserem Personalausweis werden wir doch schließlich als ›Personal‹ tituliert.« Krass! Echt? »Ja, und es kommt noch besser: Wer sich innerhalb von sieben Jahren nicht lebend meldet, wird von der Deutschland GmbH automatisch für tot erklärt und verliert all sein Hab und Gut und zudem alle seine Rechte.«

Auf diese neuen Wahrheiten war ich nicht gefasst gewesen auf meiner Fahrt von Augsburg nach Hannover. Und Illuminatus Junior hatte mein Interesse geweckt: Ich wollte von ihm wissen, was er von Unternehmensberatungen hielt, welche Daseinsberechtigung diese in seinen Augen hatten. Und auch zu dieser Frage hatte er eine distinkte Meinung: Die Beratungsbranche existiere ebenso wenig wie die BRD. Denn der Begriff »Unternehmensberatung« sei gar nicht geschützt. Was das nun für mich hieß, wollte ich wissen, denn den Job hatte ich ja trotzdem, und Geld landete auch jeden Monat auf meinem Konto. Könnte mir doch also egal sein, ob meine Branche existiert und ob sie geschützt ist, oder nicht?!

Aber eben genauso denke der Großteil des naiven Deutschland-GmbH-Personals, wetterte mein Fahrer. Ich hakte nach, um sicherzugehen, es verstanden zu haben: »Uns Beratern wird also etwas vorgegaukelt, so wie auch allen anderen Bürgern, äh Pardon, wie dem Personal der Deutschland GmbH? Die rund 80 Millionen Menschen werden allesamt dumm gehalten?« – »Ganz genau!«, rief mein Fahrer laut. »Das ist wie im Mittelalter, und die Leute sind die Marionetten des Systems.«

Damit konnte ich etwas anfangen! Denn manchmal sah auch ich meine Arme und Beine an Nylon-Schnüren hängen wie bei den Figuren der Augsburger Puppenkiste. Dann sagte mein Fahrer beruhigend: »Aber hey, der erste Schritt ist, sich dieser misslichen Situation bewusst zu werden. Danach kannst du ja entscheiden, zu welchem Lager du gehören willst.«

Irgendwo zwischen Würzburg und Kassel begann ich mir zu überlegen, wie ich mich aus den Fängen der Unternehmensberatung befreien und meine Souveränität wiedererlangen könnte. Schließlich fragte ich meinen Fahrer, wie man denn als Personal der Deutschland GmbH kündige. So einfach sei das nicht, erfuhr ich. Denn dazu brauche man zunächst drei Zeugen, die einem anhand eines mit Blut unterzeichneten Briefes bestätigen, dass man ein lebendiger Mensch ist, der tatsächlich existiert. Diesen Brief gebe man dann beim Standesamt ab, zusammen mit der Plastikkarte (»dem sogenannten ›Personalausweis‹, dem Zeugnis allen Übels«). Die Abgabe des Personalausweises bewirke den Austritt aus der Deutschland GmbH. Nur den Reisepass behalte man noch ein, um im Rest der Welt eine Existenz zu besitzen. Und die Leute beim Standesamt? »Die wissen Bescheid«, sagte mein Fahrer. Die seien nämlich eingeweiht in den großen Hinterhalt …

Was nach Beschäftigungstherapie für den Verfassungsschutz klang, barg Übertragungs-Potenzial für meinen Exit aus der Unternehmensberatung. Ich sah die *Berater Horror Picture Show* geradezu vor meinem inneren Auge: Auf der Bühne eine Anzug/Kostüm tragende Beraterhorde. Alle an seidenen Fäden hängend und verrückt umher tänzelnd. Das Scheinwerferlicht richtet sich auf vier der Marionetten, die sich ihre Lebendigkeit gegenseitig mit Blut beteuern, ganz so wie mein Fahrer es beschrieben hat. Doch dann: Die Szene artet in ein ekstatisch anmutendes Blutbad aus, die Beratermarionetten beschmieren sich gegenseitig mit ihrem Blut, dazu läuft Garbage – *The World Is Not Enough*.

Nächstes Bühnenbild: Ein auf Hochglanz poliertes Beratungshaus, in dem sich die vier Anzug/Kostüm tragenden und blutverschmierten Marionetten wiederfinden und ihren Kündigungsbrief mit bedeutungsschwangerem Blick der Personal-Abteilung überreichen. Eine überdimensional große Schere erlöst die vier Auserwählten daraufhin von ihrer Nylon-Schnur-Fessel, und ab sofort sind sie frei. Das wäre doch ein galanter, um nicht zu sagen, genialer Abgang!

Die Frage, die ich mir allerdings abschließend stelle, war: Was ist der Zielzustand bei der ganzen Sache? Frei sein, und dann? Was ist die Schlussszene der *Berater Horror Picture Show*? Wo wollen die vier Berater hingehen, wenn sie erst einmal frei sind?

Fahren sie nach Bielefeld, die Stadt, die es gar nicht gibt, und schlecken ein Eis? Ich glaube, ich muss noch einmal bei der Mitfahrgelegenheit nach meinem Fahrer suchen und die Reise von Hannover zurück nach Augsburg antreten, um das herauszufinden.

## Woran du erkennst, dass du schon zu lange in der Beratung bist

- Du gibst deinem Hund konstruktives Feedback.
- Du reist mehrere Stunden früher zum Flughafen, um in der Senator Lounge Zeit zu verbringen.
- Dein einziges Hobby ist »reisen«.
- Du sagst zu deinen Freunden, dass du noch keinen Urlaub planen kannst, weil du noch nicht die erforderlichen Bonusmeilen zusammen hast.
- Für die Strecke Berlin-Hamburg würdest du am liebsten einen Flug anstelle eines Zuges nehmen.
- Auf die Frage, ob du glücklich bist, antwortest du mit der Gegenfrage, was Glück überhaupt bedeutet.
- Als TrauzeugIn gratulierst du den neu Angetrauten dazu, sich endlich »committed« zu haben.
- Deine Ex waren allesamt BeraterkollegInnen.
- Du setzt für deine Beziehung eine Excel-Tabelle auf, in der Risks, Assumptions, Issues und Dependencies festgehalten werden.
- Bei deiner eigenen Hochzeit muss ein Extraraum mit Highspeed-W-LAN gebucht werden – als Arbeitszimmer für die vielen BeraterInnen unter den Gästen, die »nur eben schnell ein paar E-Mails verschicken« müssen.
- Du kennst alle deutschen Hauptbahnhöfe und besten Hotels in Bahnhofsnähe.
- Das Flugpersonal kennt deinen Getränkewunsch auswendig.

- Anstelle von Streuern hast du zu Hause auf dem Esstisch die Salz- und Pfeffer-Tütchen aus der Kundenkantine liegen (um sie »endlich aufzubrauchen«).
- Du gibst deine Wohnung auf, da du unter der Woche eh nie da bist und am WE die Metropolen dieser Welt besuchst.
- Es gelingt dir nicht mehr, vor Mitternacht einzuschlafen (vor Aufregung, »falls noch was reinkommt«).
- Die letzten Bücher, die du gelesen hast, waren »Die Leiden des jungen Werther« im Rahmen des Abiturs und »The Ten-Day MBA« vor der Bewerbung bei der Unternehmensberatung.
- Die Sprechstundenhilfe des Hausarztes hasst dich, weil du immer einen Termin »freitags ab 16 Uhr« anfragst.
- Wenn am Freitagnachmittag im Office kein Feierabendbier bereitsteht, bekommst du Entzugserscheinungen.
- Du hast keine Freizeitklamotten mehr in deinem Kleiderschrank hängen.
- Die Nummern deiner Freunde stehen alle in deinem Firmenhandy.
- Deine besten Freundinnen heißen Alexa und Siri.
- Was Dich vom Kündigen abhält, ist die Vorstellung, dir wieder ein eigenes Handy und einen Laptop kaufen zu müssen.
- Du lässt dir deine Post ins Office liefern.
- Du bist einsam oder dick geworden.

## Was bleibt

Egal, ob am Ende seiner Beratertage oder am Ende seiner Tage im Allgemeinen: Am Ende wird der Mensch emotional. Letzteres hat eine Frau, Bronnie Ware, untersucht, die als ehemalige Bankangestellte zur Palliativpflegerin umschulte und fortan Menschen auf ihrem Sterbensweg begleitete. Sie schrieb dann ein Buch darüber, was Sterbende am meisten bereuen und welche Gefühle sie sprichwörtlich mit ins Grab nehmen. Die Erfahrung zeigt: Die Gedanken Sterbender kreisen eher um die Leute, die ihnen wichtig sind, als um ihren Job. Sie denken nicht an die Extrameilen, die sie bei der Arbeit gegangen sind, sondern eher an die mit ihrem Partner auf dem Jakobsweg. Sie denken nicht an die vielen All-nighter, die sie im Beruf hinter sich gebracht haben, sondern eher an den All-nighter mit dem heißen Skilehrer, aus dem dann ein Kind hervorging.

Auch wir Berater werden am Ende emotional. Und zwar nicht nur in der obligatorischen Abschiedsmail. Für mein Kündigungs-Gespräch hatte ich mir die Worte zurechtgelegt und genau überlegt, wie ich meine Entscheidung meinem Chef gegenüber begründete: »Es hat rein gar nichts mit der Firma zu tun. Die Leute sind toll. Ihr seid toll. Es ist so, dass ich mich beruflich weiter entwickeln möchte. Und für mich bedeutet das, neue Schritte in einem neuen Umfeld zu gehen.« Doch in dem Moment, als mir mein langjähriger Chef und Mentor gegenüber saß, steckten mir die Worte im Halse fest. Ich konnte die ersten zwei Sätze mit fester Stimme hervorbringen, danach begann das Stimmband zu leiern. Aber um den Blick nach vorne zu richten, stellte ich mir vor, was ich aus der Unternehmensberatung mitnehmen werde. Was würde mir bleiben?

Ich hatte so oft von KollegInnen gehört: »Sobald ich mich verändere, gehe ich raus.« Dabei ist es doch so, dass uns alles, was wir erleben, irgendwie formt und beeinflusst. Und das ist für mich Teil der Identitätsbildung. Die Berater-Indoktrinierung formt das Gehirn in jedem Fall nachhaltig: Strategische und politische Aspekte werde ich nicht mehr aus den Augen lassen, versteckte Motive werde ich sofort durchschauen, und meine Qualitätsansprüche sind sehr hoch. Es bleibt also: eine gewisse Art zu denken.

Doch das gilt nicht nur für die Beratung. Wenn Leute aus derselben Berufsgruppe zusammenkommen, zeichnen sich die Charakteristika besonders ab: Lehrer beschweren sich über ihre Schüler und quasseln dabei ohne Unterlass. Ärzte lästern über Patienten, die »das Spenderorgan einfach nicht verdient haben«, weil sie ein paar Punkte über dem BMI liegen. Juristen fachsimpeln erst fünf Stunden lang und holen dann ihre Gesetzesbücher heraus, um die Diskussion im Nu mit nur einem Paragrafen zu beenden. Das Leben ist ein Brainwash!

Trotz des Brainwashs, trotz der harten Arbeitsstunden sowie der unbezahlten Überstunden: Ich bereue nichts. Ich bereue es nicht, die vergangenen Jahre in der Beratung gearbeitet zu haben. Doch was bleibt uns Consultants nun wirklich, wenn wir einmal das Beratungsbusiness verlassen? Welche Dinge sind es, die wir mitnehmen und die unser Leben bereichern?

Ganz klar ist: In unserem Handy nehmen wir etliche Taxinummern für Städte und Dörfer mit, in denen wir uns aufgehalten haben. Ebenso nehmen wir Punkte und Vielfliegerstatus mit – der nächste Urlaub ist also gesichert. Außerdem bleiben die vielen Businesskostüme übrig: In Navy-Blau, Schwarz und Grau. Die bleiben allerdings mit hoher Wahrscheinlichkeit noch eine Weile unbenutzt im Kleiderschrank hängen, wenn man aus der Beratung aussteigt. Zumindest bis zur nächsten Gehaltsverhandlung oder dem Bewerbungsfotoshooting.

## So wirst du zum Anti-Berater

Bleibe unvorhersehbar. Schwimme gegen den Strom. Überrasche deine Kollegen und Freunde, in dem du die Klischees *nicht* erfüllst. Werde zum Anti-Berater:

- Kaufe dir einen Rimowa-Koffer für deine Arbeitsreisen und beklebe ihn mit Stickern von Donald Duck.
- Platziere auf deinem Laptop einen Sticker von einem pinken Einhorn.

- Wenn dich jemand auf die Sticker anspricht, erkläre, dass sie hart verdient sind, und zeige der Person dann die Fleiß-Bienchen-Sticker in der Innenseite deines Blazers.
- Drängle dich in der Schlange am Schalter für den Rote-Augen-Flug vor bis an die erste Stelle und sage dabei: »Ich bin BeraterIn, lassen Sie mich durch!«
- Hole im Flieger dann den Groschenroman deiner Oma aus der Aktentasche und lies den gesamten Flug über in dem Buch. Kichere dabei albern.
- Rufe kurz vor der Landung mit hysterischer Stimme in die Menge: »Ich bin ein Berater, holt mich hier raus!«
- Lehne bei der Autovermietung die S-Klasse ab und fordere den Fiat Punto.
- Behalte auch freitags im Office den Anzug/das Kostüm an.
- Wenn jemand fragt, wieso du nicht »casual« gekommen bist, sage, dass du dich im Anzug/Kostüm wichtiger fühlst.
- Fahre in Urlaub, ohne eine Out-of-Office-Notiz einzustellen, und bleibe bis zum letzten Tag, ohne auf eine E-Mail zu antworten.
- Bestelle unter der Woche, wenn du mit Kollegen aus bist, nur einen Apfelsaft.
- Schlage eine Team-Kasse vor, in die jeder einzahlen muss, der Anglizismen verwendet.
- Lege ein dreimonatiges Sabbatical ein, reiche danach nicht die Kündigung ein.
- Gehe sonntagabends mit Freunden essen und bestelle ein Gericht mit ordentlich Knoblauch. Hauche am Montag alle deine Kollegen an und frage, wie schlimm es ist.
- Mache mittags eine 60-minütige Pause und setze dich während dieser mit einem Buch in die Kantine des Kunden.
- Erkläre dich freiwillig bereit, den nächsten Besuch des Oktoberfests in München für die Community zu organisieren. Teile dann allen erst kurz vorher mit, dass du leider keinen Tisch mehr bekommen hast.

- Empfehle den AnwärterInnen beim Recruiting Day, dieses Buch zu lesen.
- Hole dir Angebote für den Job als Surf- oder SkilehrerIn ein und lege diese deinem Arbeitgeber vor. Drohe ihm, dass du die Firma verlässt, wenn man dir nicht genauso wenig zahlt.
- Schreibe dir selbst ein Angebot, im Namen des Start-ups, das du gegründet hast.
- Kündige bei deiner Firma.
- Verschicke eine Abschieds-E-Mail, in der steht: »Ich bin dann mal weg. Wer den Exit sucht, melde sich bei mir. Ich stelle ein!«

# APPENDIX

# Die Extrameile

Als ich vor einigen Jahren begann, über die sagenumwobene Extrameile nachzudenken und zu recherchieren, hatte ich zunächst den Eindruck, dass Extrameilen nur im Businesskontext vorkommen. Kein Wunder, denn ausnahmslos jeder Karriere-Blog handelt irgendwie von ihr und wie man durch sie sein berufliches Ziel erreicht; in jeder Einstiegswoche in einem noch so unbedeutenden Unternehmen ist von der Extrameile die Rede; ebenso wird sie als Buzzword in fast jeder Ansprache eines noch so unwichtigen Personalchefs erwähnt. Und natürlich sammelt jeder, der im Business etwas auf sich hält, bei den einschlägigen Vielfliegerprogrammen auch ganz offiziell Extrameilen.

»It's never crowded along the extra mile«, behauptete der US-amerikanische Psychologe Wayne W. Dyer. Doch in Unternehmensberatungen wird die Extrameile als Selbstverständlichkeit erachtet. Es wird erwartet, dass ein Consultant zu jedem beliebigen Zeitpunkt 200 Prozent gibt, dem Kunden die vereinbarten Ergebnisse »on time and above client expectations« delivert und hierfür zur Not von Berlin nach Kapstadt fliegt. Das Zitat von Wayne Dyer trifft auf die Beratung also nicht ganz zu, stattdessen sollte es hier heißen: »In a consulting firm, it's always crowded along the extra mile!«

Durch den inflationären Gebrauch des Begriffs »Extrameile« im Beratungskontext wird ein künstlich hohes Niveau an intrinsischer Motivation, Interesse am Gegenüber (dem Kunden) sowie ein ungesunder Druck auf ein immerzu perfektes Ergebnis erzeugt. Doch viele Berater sind auf ihre Extrameile sehr stolz. Sie verabscheuen es hingegen, wenn jemand in seiner Komfortzone verharrt und ein gewisses Ziel ohne große Anstrengung erreicht. Denn so wird das mit der »steilen Lernkurve« doch nie etwas!

Und Berater, die so denken, haben in einem Punkt recht: Die wahre Bremse im Leben vieler Menschen ist die Komfortzone.

Sie hält uns davon ab, für uns selbst oder für andere die Extrameile zu gehen. Und ich gebe an dieser Stelle zu, dass auch aus meinem Mund bereits Ausreden kamen wie »Das kann ich nicht!«, »So wurde ich halt erzogen!« oder, der Klassiker, »So bin ich eben!«. Es ist die Angst oder Bequemlichkeit, die uns davon abhält, unsere Abschluss- oder Doktorarbeit endlich fertigzuschreiben. Sie hält uns davon ab, beim Joggen eine Extrarunde um den See zu laufen. Geschweige denn überhaupt laufen zu gehen. Sie bewahrt uns davor, eine zusätzliche Fremdsprache zu erlernen. Sie verhindert, dass wir unserem Kunden auch dann seine Extrawünsche erfüllen, wenn dieser nicht danach fragt. Sie stellt sich uns jeden Morgen in den Weg, obwohl wir uns noch am Vorabend geschworen hatten, eher aufzustehen und Yoga zu machen. Auch hält sie uns davon ab, den Umweg zum Kiosk zu gehen, um die Tageszeitung zu besorgen. Und sie hindert uns sogar daran, für unsere Freunde ein Geburtstagsgeschenk zu besorgen.

Wer nie die Extrameile geht und somit nie mehr für sich selbst tut als das, was gerade »gut genug« ist; und wer nie mehr für andere tut als das, was von ihm erwartet wird, der wird ziemlich sicher früher oder später mit sich selbst unzufrieden sein, wird sich schwertun, wahre Freundschaften zu halten, und wird im Leben wahrscheinlich nicht über sich hinauswachsen.

Andererseits hat Erfolgreich- und Glücklich-Sein jedoch auch damit zu tun, seine Grenzen zu kennen und sie für sich und andere erkennbar abzustecken. In sich hineinzuhorchen und sich Ruhe und Erholung zu gönnen, wenn man sie benötigt – das wird den New Joinern in der Einstiegswoche einer Unternehmensberatung nicht beigebracht. Dabei braucht der Mensch die Bequemlichkeit wie die Luft zum Atmen. Um nicht im Hamsterrad Endlosrunden zu drehen. Um nicht rastlos von A nach B zu tingeln. Um auch einmal zu »chillen« und »die Seele baumeln zu lassen«. Ein Hoch also auf die Komfortzone, denn sie schafft einen gesunden

Ausgleich und verhindert, dass wir an den Herausforderungen zermürben.

Es gibt noch ein weiteres Zitat, das ich passend zu dem Thema der Extrameile gefunden habe: »Und wenn dich jemand nötigt, eine Meile mitzugehen, so gehe mit ihm zwei.« Ich will damit nicht sagen, dass ich allen Beratern nahelege, ab sofort doppelt so viele Überstunden zu schieben oder sich auf ein Projekt in der Antarktis zu bewerben. Tatsächlich passt dieses Zitat auch gar nicht so recht zum Beratungsbusiness. Es mag daran liegen, dass es noch aus einer Zeit stammt, lange vor der Gründung von McKinsey, Accenture, BCG, Ernest & Young, PwC, Deloitte, A.T. Kearney, Roland Berger und wie sie nicht alle heißen.

Es stammt aus einer Bergpredigt Jesu (Matthäus 5, 41). Als ich nämlich auf Seite zwei und drei der Google-Suchergebnisse weiterblätterte, fielen mir immer mehr Links auf, die auf einen christlichen Zusammenhang oder Ursprung des Begriffs hindeuteten. Prinzipiell schrecke ich vor solchen Web-Links intuitiv zurück, da meine Erfahrung zeigt, dass oft etwas Missionarisches dahintersteckt. Doch fand ich es spannend herauszufinden, dass der Ursprung der Begriffe »Extrameile« und »Meilenstein« in der Zeit des Römischen Reichs liegt. Hier wurden an einer sogenannten »Römerstraße« Miliaria (Meilensteine) in regelmäßigen Abständen als Distanzsäulen errichtet. Die Steinsäulen, übermannshoch, wurden von vielen Menschen gesehen und stellten natürlich ein vorzügliches Mittel der Propaganda dar. Und auch heute nutzen wir unsere Meilensteine im Business, um unsere Deliverables zur Schau zu stellen. Wir präsentieren sie zwar nicht aus Stein am Straßenrand, dafür digital in PowerPoint oder Project.

Die Meilensteine im Römischen Reich wurden jedoch auch dafür benutzt, und hierauf bezieht sich der Vers aus der Bergpredigt Jesu, um die Distanz für die Bewohner Israels abzumessen, die den römischen Besatzungstruppen beim Schleppen ihrer Last helfen mussten. So konnten die Soldaten willkürlich Hilfsdienste von jüdischen Bürgern verlangen, wie etwa dass die Einkäufe oder das Gepäck eine Meile geschleppt wurden. Auch wenn die Meile, die die Juden die Last ihrer Feinde tragen sollten, eine offizielle Regel war … Vor den Augen der eigenen Freunde und Familie erniedrigt und gedemütigt, muss ihr Hass auf die Römer mit jedem Meter gewachsen sein. Doch statt dort aufzuhören, wo ihre Pflicht endete, nach genau einer Meile, rief Jesus die Juden dazu auf, freiwillig eine Extrameile weiterzugehen …

Und wie lang ist unsere Extrameile heute nun? Ist sie 1,5 Kilometer lang, wie die römische Meile damals? Ist sie dann zu Ende, wenn ich mein eigenes Eckbüro mit einem Schreibtisch aus Mahagoni habe?

Ich finde, egal ob man sie privat oder beruflich geht, ob für die Liebe, die Demokratie, die Religion oder die Karriere – die Frage, wie lang die Extrameile ist, muss jeder für sich selbst beantworten. Denn es bringt nichts, wenn wir uns an objektiven Maßstäben zu messen versuchen oder uns mit unseren Mitmenschen vergleichen. Vielleicht liefert Immanuel Kants Leitspruch abschließend eine gute Richtlinie: »Sapere aude« – habe Mut, dich deines eigenen Verstandes zu bedienen. Aber nicht vergessen, diese Freiheit trifft nicht auf die Unternehmensberatung zu. Hier gilt: Die Extrameile ist so lang, wie der Kunde bereit ist dafür zu zahlen.

## Berater-Packliste

Das Kofferpacken wird unter Beratern als Wissenschaft gehandelt. Wer es kann, freut sich über einen vollständig und effizient gepackten Koffer. Doch »vollständig« bedeutet nicht, dass man alles mitnimmt. Nur die richtigen und wichtigen Utensilien gehören in einen Beraterkoffer.

Mit der folgenden Liste kommst du deinem Traum von einem »perfekt gepackten Koffer« näher, und am besten trainierst du schon einmal jeden Abend vorm Schlafengehen, deinen Koffer im Dunkeln auf Zeit zu packen.

- Firmen-Laptop und Firmen-Handy – die erweiterte Identität eines Beraters (Wer seine privaten Geräte vergisst, erleidet keinen Nachteil. Unter der Woche ist ohnehin keine Zeit für ein Privatleben.)
- Visitenkarten für neue Businesskontakte
- Sichtschutzfolie für den Laptop, um neugierige Blicke abzuschirmen, wenn man gerade online shoppt
- Abdeckstift für Augenringe nach einem All-nighter (gilt für Frauen wie für Männer)
- Badeklamotten für den Spa-Bereich im Hotel
- Ein Springseil, um abends im Hotelzimmer noch trainieren zu können
- Joggingschuhe (fürs Gewissen), die die Hälfte des Platzes im Koffers einnehmen und die man sowieso nicht auspacken wird
- 5-Kilo-Hanteln, damit man gleich beim Koffertragen Sport macht
- Einen Löffel, um damit nachmittags den Joghurt zu essen, den man am Morgen beim Frühstück im Hotel hat mitgehen lassen
- Kleine Salz- und Pfeffer-Tütchen aus der Kantine, falls das Take-away am Abend mal (wieder) labberig schmeckt
- Mitternachtssnack, falls man abends im Hotel dem Verhungern nahe ist, es aber keinen Zimmerservice mehr gibt
- Ein Glätteisen, um den Kragen am Morgen eben schnell glatt zu bügeln
- Manschettenknöpfe und Einstecktuch, falls man es doch mal in ein Meeting mit C-Level-Stakeholdern schafft
- Schlangenleder-Pumps, denn: »Sex sells!«
- Ein Wechselhemd, da es in der Kundenkantine auf jeden Fall irgendwann Tomatensoße geben und man sie essen und verkleckern wird

- Schuhpolierzeug, da der Moment kommen wird, in dem man sich im Aufzug verlegen auf die Füße schaut
- Ein Socken-Paar, nicht mehr, um Platz zu sparen (Morgens werden die noch feuchten Socken auf den Föhn gestülpt und für zwei Minuten ordentlich durchgepustet. Bis der Dampf aus ihnen heraus kommt.)
- Nähzeug, um dringende Löcher zu stopfen
- Fake-Ehering, um aufdringliche Kunden abzuwimmeln
- Ein Foto vom Sweetheart für den Hotel-Nachttisch (alternativ vom verstorbenen Meerschwein)
- Kondome, falls der X-Fucktor durchschlägt
- Bauanleitung für den zuvor zerlegten Vibrator, da er bei der Sicherheitskontrolle im Handgepäck auf jeden Fall auffallen würde
- Eine Ukulele, um weiterhin ein Hobby am Leben zu halten (oder um die Kollegen am Abend zu quälen, wenn sie gerade deine Minibar plündern)
- Die Manager-Rolex für 5000 Euro
- Eine Smartwatch, um den Schlafrhythmus zu checken, und weil wir Consultants total »digital« und »connected« sind
- Noise-Cancelling-Kopfhörer, um dem Sales Manager nicht ewig zuhören zu müssen
- Hand Sanitizer für besonders schwitzige Händedrucke
- Koffeintabletten für besonders langweilige Montagmorgen-Meetings
- Sämtliche Vielflieger- und Bonuskarten, die dir deinen nächsten Privaturlaub sichern
- Sonnenbrille, um auf dem Weg vom Taxi zum Kundengebäude »cool« auszusehen
- Wörterbuch Beratersprech – Deutsch für alle, die dich ansehen, als verstünden sie bloß Bahnhof
- Den Jahresbericht des Kunden, um auf Reisen dahinter die Gala oder den Businesspunk zu verstecken

- Stempelkissen und Stempel mit einem Fußabdruck als Motiv, um in den Kunden-Dokumenten einen »Footprint« zu hinterlassen
- Ein Marshmallow, der daran erinnert, dass noch viel zu tun und die Extrameile lang ist

## Beratertest

Überprüfe deine Berater-Fähigkeiten anhand dieses Tests und finde heraus, ob du zu den High Hanging Fruits oder doch bloß zu den Low Hanging Fruits gehörst. Beantworte Fragen rund um dein Mind Set sowie dein Skill Set und erfahre mehr über deine Stärken und Entwicklungsfelder in beiden Bereichen ...

1.  **Es ist dein erster Tag auf einem neuen Projekt, und ein Beraterkollege, der ein Hierarchie-Level unter dir ist, bittet dich, zwanzig gebundene Kopien der Präsentation für das bevorstehende Meeting anzufertigen. Was tust du?**
a.  Ich werde die Kopien anfertigen und sie vor ihm auf den Tisch legen – zusammen mit meiner Visitenkarte, auf der meine Position zu sehen ist.
b.  Ich werde ihm sagen, dass ich erst seit heute auf dem Projekt und deshalb noch nicht mit den Geräten vertraut bin. Und dass ich seine Hilfe beim Anfertigen der Kopien sehr schätzen würde.
c.  Ich werde die Anfrage ignorieren und nichts für ihn drucken. Dieses Power-Play sitze ich aus.

2.  **Im GMAT (Graduate Management Admission Test), den viele BeraterInnen vor ihrer Karriere abgelegt haben, werden sogenannte logische und quantitative Fähigkeiten getestet. Wie gut bist du darin? Vervollständige folgende Zahlenreihe: 2 – 3 – 5 – 7 – 11 -??**

a. Ich finde alles, was mit Zahlen zu tun hat, doof und mache lieber mit der nächsten Frage weiter.

b. Die nächste Zahl in der Reihe ist die 13.

c. Die nächste Zahl in der Reihe ist die 12.

**3. Wie hältst du es mit Feedback, macht es dir etwas aus?**

a. Feedback sehe ich als ein Geschenk an und behandle es auch so: Nur wenn ich es gebrauchen kann, werde ich es annehmen.

b. Nein, das macht mir nichts aus, solange es an konkrete Beispiele geknüpft ist und ich daraus lernen kann. Schließlich hilft es mir dabei, meine Skills zu verbessern!

c. Ich bevorzuge es, im Ungewissen zu bleiben.

**4. Wofür steht »VBA«?**

a. »Visual Basic for Applications«

b. »Very Boring Animation«

c. »Verband Beratender Amateure«

**5. Dein neues Projekt steht kurz bevor. Bis es beginnt, hast du noch eine Woche »auf der Bank«. Woran wirst du arbeiten?**

a. Ich werde mich erkundigen, welche Onboarding-Dokumente für das Projekt existieren. Zudem werde ich proaktiv nach internen Aufgaben fragen. Das ist gut für mein Mid-Year Review!

b. Ich werde daran arbeiten, mich maximal zu entspannen, und Hatha-Yoga ausprobieren! Die Zeit auf dem Projekt wird anstrengend genug, da bin ich mir sicher.

c. »Home Office« ist angesagt, sprich: Ich werde interne E-Mails verschicken, die ich seit Monaten unbeantwortet gelassen habe.

**6. In dem Call mit dem Kunden sagt deine Projekt-Chefin auf einmal zu dir: »Ich mache mich mal mute, und du gehst in den Lead.« Was meint sie damit?**

a. Ist doch klar: Sie muss eben zur Toilette!

b. Sie will, dass ich das Telefonat leite.

c. Sie will, dass ich woanders hingehe. Ich werde sie fragen, wo ich den Lead finde.

7. **Du hast ein großes Excel Worksheet erstellt, das die Produktionszahlen eines Kunden beinhaltet. Du sollst im Namen des Kunden verschiedene Ausschnitte an die Zulieferer des Kunden versenden. Wie viele Qualitäts-Checks führst du durch?**

a. Ich schaue selbst zweimal drüber, und damit sollte es auch gut sein. Ich habe meine Aufgaben bisher immer sehr zuverlässig und fehlerfrei erledigt.

b. Ich frage einen erfahrenen Kollegen und bitte um einen »Vier-Augen-Check«.

c. Bevor das Sheet die Lieferanten erreicht, werde ich es noch einmal dem Kunden zeigen und sichergehen, dass die Informationen geteilt werden dürfen.

8. **Wie sollte man als Berater die Folien in PowerPoint am besten animieren?**

a. So abwechslungsreich wie möglich und am besten bei jeder Slide anders!

b. Als Berater bin ich Animation genug und brauche keine fancy Folienübergänge!

c. Der Effekt »Einfliegen« wird unter Beratern präferiert. Wahrscheinlich, weil wir selbst auch zum Kunden »einfliegen« …

9. **Du bist mit deinem Bruder im Urlaub und gerade dabei, den Himalaja zu besteigen. Da ruft der Vice President deines Bereichs auf deinem Handy an und bittet dich zurückzufliegen, um die Leitung eines Beraterteams zu übernehmen. Das ist deine Chance auf eine Beförderung! Wirst du heimkehren?**

a.  Als Consultant muss man damit rechnen, jederzeit einsatzbereit zu sein, also ja! Ich werde aber darauf bestehen, die Reise- und Stornokosten von der Firma bezahlt zu bekommen.

b.  Ich werde versuchen zu verhandeln, das Team remote per Skype anzuleiten. Das muss in der heutigen, digitalen Zeit möglich sein.

c.  Nein, Urlaub ist Urlaub. Und mein Bruder würde mir den Kopf abreißen. Ich werde dem VP erklären müssen, dass das nicht geht …

**10. Wie kann man eine große Excel-Datei komprimieren?**

a.  Ich verschicke sie einfach per WeTransfer!

b.  Was bedeutet denn »WeTransfer«?

c.  Es gibt viele Möglichkeiten. Eine davon wäre, überflüssige Zellen zu entfernen und die Datei neu abzuspeichern.

**11. Du befindest dich beim Kunden und pitcht das neue Strategiepapier vor der Vorstandsrunde. Als du die Präsentation öffnest, fällt dir auf, dass die Zahlen nicht stimmen und es nicht die aktuellste Version sein kann. Was tust du?**

a.  Ist der Praktikant mit dabei? Wenn ja, schiebe ich ihm die Schuld in die Schuhe und stehe immer noch gut da, weil ich die richtigen Zahlen auswendig kenne.

b.  Ich mache keine große Sache draus, entschuldige mich professionell für die falschen Zahlen und schreibe die aktuellen auf ein Flipchart.

c.  Ich erwähne es lieber gar nicht erst, nur wenn es dem Kunden auffällt.

**12. Wie kann man Elemente auf Folien verändern, die sich nicht anklicken und löschen lassen?**

a.  Gar nicht! PowerPoint möchte das letzte bisschen Macht besitzen und hat diese Hürde eingebaut, um Berater zur Weißglut zu treiben.

b. Man fügt eine Box ein und setzt diese auf das fixierte Element, um es zu überdecken.

c. Im Slide Master lassen sich wirklich alle Elemente variieren.

**13. Das Verhältnis mit deiner Kundin ist angespannt. Sie führt dich gerne vor, so auch wieder an diesem Morgen: Du kommst zu ihr an den Platz im Open Office, um euch herum sitzen Kollegen, und das Erste, was sie zu dir sagt, ist: »Blau und schwarz?! Haben Sie sich heute im Dunkeln angezogen?« Wie reagierst du?**

a. Ich schaue verunsichert und werde meine Garderobe morgens ab sofort dreifach kontrollieren.

b. Ich werde der Kundin sagen, dass Blau und Schwarz neuerdings als Kombi »en vogue« seien, ebenso wie Unisex-Parfüm und farbige Socken für Männer.

c. Je nachdem, wenn alle lachen, lache ich mit. Wenn niemand lacht, werde ich den Kommentar ignorieren.

**14. Woraus setzt sich das Eigenkapital einer Firma zusammen?**

a. Das Eigenkapital ist die Residualgröße, die in der Bilanz aus der Aktivseite ersichtlich wird.

b. Das Eigenkapital ergibt sich aus dem Unternehmensvermögen abzüglich der offenen Schulden.

c. Ich bin froh, dass ich mein eigenes Kapital kenne und das genügt mir.

**15. Du bist derzeit auf einem Projekt, bei dem es in der Konsequenz darum geht, etwa 500 Menschen zu entlassen. Wie fühlst du dich dabei?**

a. Es waren bestimmt »betriebliche Erfordernisse«, die den Personalabbau nötig machten. Also eine rein wirtschaftliche Entscheidung, die im Rahmen der Rechtsprechung der Arbeitsgerichte umgesetzt wird. Ich bin gespannt zu hören, welche

Strategie das Unternehmen langfristig verfolgt, und freue mich, Teil dieses Transformationsprozesses zu sein.

b. Ohne mich würden die Leute auch entlassen werden, wie sollte ich mich also fühlen?! Ich kann ja an den Tatsachen nichts ändern.

c. Ich fühle mich schlecht bei dem Gedanken, über die Jobs Hunderter Leute mitzuverfügen. Ich werde sofort veranlassen, von diesem Projekt heruntergenommen zu werden.

**16. Nach deiner Präsentation im Team-Meeting sagt dein Projektleiter zu dir: »Wie planst du die Lessons Learnt zu leveragen, damit die Key Stakeholder committed bleiben und der Outcome Long Term achievable ist?« Was meint er damit?**

a. Er spricht Beratersprech und meint: Was sind die Next Steps?

b. Er fragt mich, wie ich die bisherigen Erfahrungen in der Projektplanung berücksichtigt habe, da er sich um die Zielerreichung Sorgen macht.

c. Er fragt mich, was für das gemeinsame Steakhouse-Dinner geplant ist und ob hierfür schon eine Uhrzeit feststeht.

**Auswertung:**

Im Beratungsbusiness ist das »I can« mindestens so wichtig wie der »IQ«. Deshalb ergibt sich dein Testergebnis aus den Antworten auf Fragen aus beiden Bereichen: Dem Mind-Set- und dem Skill-Set-Teil. Trage deine Punktzahl pro Frage in die unten stehenden Tabellen ein und berechne anschließend dein Zwischenergebnis für jeden Bereich. Schaue dein Gesamtergebnis in der Matrix nach und finde heraus, welcher Typ du bist!

# Berater-Mind-Set

| Frage | Antwort | Punkte | Deine Punktzahl |
|-------|---------|--------|-----------------|
| 1 | A | 2 | |
| | B | 3 | |
| | C | 1 | |
| 3 | A | 2 | |
| | B | 3 | |
| | C | 1 | |
| 5 | A | 3 | |
| | B | 1 | |
| | C | 2 | |
| 7 | A | 1 | |
| | B | 2 | |
| | C | 3 | |
| 9 | A | 3 | |
| | B | 2 | |
| | C | 1 | |
| 11 | A | 2 | |
| | B | 3 | |
| | C | 1 | |
| 13 | A | 1 | |
| | B | 3 | |
| | C | 2 | |
| 15 | A | 3 | |
| | B | 2 | |
| | C | 1 | |
| Zwischenergebnis Mind Set | | | |

## Berater-Skill-Set

| Frage | Antwort | Punkte | Deine Punktzahl |
|-------|---------|--------|-----------------|
| 2     | A       | 1      |                 |
|       | B       | 3      |                 |
|       | C       | 2      |                 |
| 4     | A       | 3      |                 |
|       | B       | 2      |                 |
|       | C       | 1      |                 |
| 6     | A       | 2      |                 |
|       | B       | 3      |                 |
|       | C       | 1      |                 |
| 8     | A       | 1      |                 |
|       | B       | 3      |                 |
|       | C       | 2      |                 |
| 10    | A       | 2      |                 |
|       | B       | 1      |                 |
|       | C       | 3      |                 |
| 12    | A       | 1      |                 |
|       | B       | 2      |                 |
|       | C       | 3      |                 |
| 14    | A       | 2      |                 |
|       | B       | 3      |                 |
|       | C       | 1      |                 |
| 16    | A       | 2      |                 |
|       | B       | 3      |                 |
|       | C       | 1      |                 |
| **Zwischenergebnis Skill Set** | | |                 |

## Auswertung

| | | Berater-Mind-Set | | |
|---|---|---|---|---|
| | | **8 bis 12 Punkte** | **13 bis 20 Punkte** | **21 bis 24 Punkte** |
| **Berater-Skill-Set** | **8 bis 12 Punkte** | Low Hanging Fruit | Under-Achiever | Imposter |
| | **13 bis 20 Punkte** | Low Potential | Nice Guy | High Potential* |
| | **21 bis 24 Punkte** | Super Brain | Over-Achiever* | High Hanging Fruit* |

*High-Performer-Typen

## Beratertypen

### Low Hanging Fruit

Die Extrameile ist nicht deine Meile! Du nimmst lieber den Standstreifen und fährst auf einem Dreirad. Um deine PS auf die Straße zu bringen, müsstest du an beidem arbeiten: deinem Know-how und deinem Mind Set im Job. In der Zwischenzeit genieße den Status einer Low Hanging Fruit, denn auf dir lasten entsprechend niedrigere Expectations.

### Under-Achiever

Du bist motiviert zu delivern, doch die Qualität ist bei Weitem nicht Client-ready. Sorry, aber mit dem Gap kann man dich derzeit nicht auf Kunden loslassen! Am besten, du schaust dich anderweitig um oder denkst über deine Exit-Strategie nach, falls du bereits Consultant bist.

### Imposter

Viele Consultants können sich etwas von deiner Überzeugungskraft und deinem Drive abschauen! Du bist ein wahrer High Spirit, doch dein Knowledge lässt zu wünschen übrig. Empfehlung an dich: Mache einen MBA an einer anerkannten Business-School, um dein Know-how zu boosten!

### Low Potential

Deine Achievements in allen Ehren, aber dein Berater-Potenzial ist eher low. Du könntest versuchen, dein Development in Richtung eines Super Brains zu pushen, dann wird es vielleicht etwas im Analytics-Bereich einer Unternehmensberatung.

### Nice Guy

Das Mittelmaß ist dein bester Freund, denn du bist der klassische Durchschnittstyp. Doch das klingt schlimmer, als es ist. In dir steckt ein roher Diamant, der geschliffen werden will. Mit ein bisschen Fine Tuning kannst auch du zum High Performer werden. Nimm die Challenge an und traue dich, deine Comfort Zone zu verlassen! Und arbeite an deiner Visibility!

### High Potential

Viele träumen davon, in deinen Schuhen zu stecken: Du überzeugst im Assessment Center und bestehst jedes Interview erfolgreich. Du hast verstanden, was gute Consulting Skills sind. Bleibe auch fachlich am Ball, indem du fleißig die Slides schrubbst und Managermagazine verschlingst, dann wird das mit deinem Berater-IQ auch noch etwas!

### Super Brain

Du hast den IQ, den es braucht, um ein High Performer zu sein. Doch dein Mind Set ist noch nicht ganz da. Wer als UnternehmensberaterIn erfolgreich sein will, muss Kunden von sich überzeugen können. Empfehlung an dich: Lies dir dieses Buch noch einmal genau durch und ziehe daraus deine Learnings.

### Over-Achiever

Gratulation! Du hast das Zeug zum High Performer und somit zum Consultant. Du hast das Skill Set, um dich auf echte Challenges einzulassen und sie zu meistern. Dein Drive und Commitment machen aus dir eine ganz besondere Personality, und du solltest diese Opportunity leveragen, um dein Potenzial zu boosten. Vielleicht wirst dann auch bald du zu den High Hanging Fruits gehören!

### High Hanging Fruit

Wow! Du bist der Inbegriff eines Super Consultants. Dein Dienstleistungs-Mind-Set empowert dich, täglich in deinem Beruf alles zu geben und auch alles zu erreichen. Nun gilt für dich: Sei ein wahrer Leader und nimm die High Potentials und Over-Achiever um dich herum mit auf deiner Extrameile. Führe sie ein in das Leben und die Geheimnisse eines Beraternomaden, der täglich im Folienkrieg gewinnt und Wege findet, nicht als Slide-Sklave zu enden!

## Fiktiver Consultant-Dialog – die Übersetzung

Es ist 17:00 Uhr, Projektleiterin Simone kommt aus der Sitzung mit den Haupt-Projektverantwortlichen und unterrichtet ihre Teammitglieder Kathi und Stefan bezüglich der Power Point Folien für den Geschäftsführer.

Lauschen wir doch mal dem Beratersprech der drei Berater …

| | |
|---|---|
| Simone: | In Ordnung, Leute. Der Meyer will die Finalversion der PowerPoint-Folien bis heute Abend auf seinem Schreibtisch haben … Lasst uns loslegen, bevor wir noch die gesamte Nacht daran sitzen! Kathi, was sagt die Finanzabteilung zu dem Entwurf? |
| Kathi: | Die haben dem Entwurf zugestimmt, sagen, wir liegen richtig mit unseren Schätzungen. |
| Simone: | Exzellent. |
| Stefan: | Was ist denn nun unsere Vorgehensweise, um die Firma vor dem Untergang zu retten? |
| Simone: | Der Steuerungskreis hat sich für die Variante des Datenwarenhauses entschieden. |
| Stefan: | Die nach Kundenwünschen angepasste Lösung war doch Weltklasse. Der Steuerungskreis sieht wohl nicht, dass wiederholte Besuche heute einfach die Hartwährung und der Auslöser von Gewinn sind! |
| Simone: | Ich weiß, Stefan. Aber der Ansatz wäre nicht zu rechtfertigen. Und Meyer hat bereits die Genehmigung |

| | |
|---|---|
| | von den anderen Führungskräften. Aber könnte was für das Folgeprojekt sein. Jetzt brauchen wir erst einmal eine schlüsselfertige Lösung. |
| **Stefan:** | Verstanden. |
| **Simone:** | Der Fokus liegt jetzt darauf, das Gelernte aus anderen Fällen zu nutzen. Wir sollten eine Empfehlung mit reinnehmen, die Option zu streichen, bei der alles von Grund auf neu erfunden wird. Das ist zurzeit einfach nicht am Zahn der Zeit. |
| **Stefan:** | Stimme dir da zu. Die Altsysteme sind einfach nicht zukunftsfähig, zudem steckt nichts Besonderes dahinter. Ich schlage vor, wir schauen uns stattdessen lieber etwas bei der Lösung mit dem Datenwarenhaus ab. |
| **Kathi:** | Dann sollten wir aber auch unser Leuchtturmprojekt mit aufnehmen. Die Referenz zeigt greifbare Ergebnisse und einen hohen Umsatz. |
| **Simone:** | Genau richtig! Keine Lösung hat in dem Gebiet bisher so viel gebracht wie unsere. Und schließlich haben wir jetzt einen Fuß in der Tür und sollten den auch darin behalten. Da ist es sinnvoll, die eigene Marke wirksam einzusetzen. |
| **Stefan:** | In Ordnung, kommt mit in die PowerPoint-Präsentation. |
| **Simone:** | Aber bitte nur die einfachste Lösung aufzeigen. Alles andere werden die Projektverantwortlichen nicht absegnen. |
| **Kathi:** | Und wie wäre es noch mit ein paar Folien, die den Prozess grob veranschaulichen? |
| **Simone:** | Ja, gute Idee. Könntest du die Entwurfsfolien bis heute Abend an die Grafik-Abteilung nach Indien schicken? Und nimm mich mit in den E-Mail-Verkehr auf. |
| **Kathi:** | Klar. Was ist mit einer genauen Darstellung der Markteinführungsstrategie? |

| | |
|---|---|
| **Simone:** | Wird zu detailliert. Beispiele und tiefer gehende Analysen kommen nicht in die Kurzfassung. |
| **Kathi:** | Wir müssen noch mal an die Folie ran, auf der die kurzfristigen Gewinne dargestellt werden; Ich finde die derzeit irgendwie noch zu ungenau. |
| **Stefan:** | Kein Problem, ich schreibe da einfach noch etwas mehr. |
| **Simone:** | Bitte nicht zu viel Inhalt. Wir müssen unbedingt versuchen, ein Wirrwarr zu verhindern. Und die Slide ist derzeit ohnehin schon sehr wortlastig. Stefan, organisier' du mal eine interne Telefonkonferenz heute Abend, um alle verschiedenen Sichtweisen zusammenzubringen und so sicherzustellen, dass wir das Große Ganze nicht aus dem Blick verlieren. |
| **Stefan:** | Gern. |
| **Simone:** | Aber zu dem Telefonat bitte keine zweitrangigen Leute einladen. Und höchstens 30 Minuten, ich bin heute sehr eng getaktet. |
| **Stefan:** | Verstanden. |

## Berater-Bullshit-Bingo

Steht dir ein langes Meeting bevor? Sind deine Vorgesetzten oder Kollegen Meister im Sweet-Talken und Sugar-Coaten? Willst du verhindern, dass du vor lauter Langeweile wieder einschläfst?

Dann hilft dir das Berater-Bullshit-Bingo sicher dabei, fokussiert zu bleiben. Verteile vor Meetingbeginn je eine Bingokarte an beliebig viele Mitspieler. Wie beim richtigen Bingo geht es auch beim Berater-Bullshit-Bingo darum, als erster Spieler fünf Begriffe in einer durchgehenden Linie gehört zu haben. Mache dir hierfür am besten jedes Mal, wenn ein Buzzword fällt, eine Notiz auf der Karte. Das mittige Bingo-Feld kann als Joker eingesetzt werden.

Und vergiss nicht: The person that said winning isn't everything, never won anything.

| | | | | |
|---|---|---|---|---|
| Outcomes | leveragen | Milestones | Opportunity | tangibel |
| Learning | Extrameile | Next Steps | Approach | Pipeline |
| Value Add | ASAP | **BINGO** | Scope | agreed |
| Visibility | Key Stakeholder | Low Brainer | committed | Progress |
| Credentials | Benefit | Challenge | Best Practice | Quick Win |

# Das Beratersprech-Glossar

»Ich verstehe bloß Beratersprech!« – Das kann dir ab sofort nicht mehr passieren, wenn du folgendes Vokabular internalisiert hast. »Talk the talk« und klinge wie ein Insider, indem du die richtigen Begriffe droppst.

*Achievement* ................................. Ein Ergebnis, auf das ein Berater(team) besonders stolz ist. Dem Kunden gegenüber werden die »Achievements« im Rahmen des Reportings in Bezug auf die vergangenen sowie die nächsten zwei Wochen berichtet.

*Agreement* ................................. Ein Übereinkommen zwischen zwei Personen (z.B. Berater und Kunde), auf dessen Basis alle Teammitglieder Monate lang in die falsche Richtung laufen. Oder, im Idealfall in die richtige.

*All-nighter* ................................. Eine lange Nacht bei der Arbeit, die Berater insbesondere vor Kunden-Angebotspräsentationen im Office verbringen, entweder ohne Schlaf oder mit einem kurzen Gang nach Hause, um zu duschen und die Klamotten zu wechseln.

*AOB* ................................. Kurzform für den letzten Agenda-Punkt »Any other business«, nicht zu verwechseln mit EOB.

*Approach* ................................. Eine Vorgehensweise, die sich bewährt hat oder die zuvor agreed wurde, nach der nun alle Berater arbeiten müssen (»Schema-F«).

*Approachable* ................................. Wird als Eigenschaft von einem Consultant erwartet: ansprechbar und zugänglich zu sein. Am besten zu jeder Zeit, rund um die Uhr.

| | |
|---|---|
| *ASAP* | As soon as possible (so schnell wie möglich), hört man in der Beratung häufiger, insbesondere auf die Nachfrage, wann etwas fertig sein muss. Deshalb am besten nie nachfragen, wenn nicht explizit eine Deadline genannt wurde. |
| *Assessment Centre* | Die Auswahltage vor der Einstellung zum Unternehmensberater, in denen Case Studies und Brainteaser vorkommen, auf die sich die Bewerber zuvor monatelang vorbereiten. Natürlich schaffen es nur die High Potentials, das »AC« zu bestehen. |
| *Ballpark Figure* | Eine grobe Hausnummer oder realistische Schätzung. Als Ausdruck in der englischsprachigen Geschäftswelt sehr geläufig, dabei geht der Ausdruck auf das relativ große Baseball-Spielfeld und die Tatsache zurück, dass ein Baseball in seltenen Fällen über das Feld hinaus geschlagen wird, sondern meist irgendwo innerhalb des Spielfelds landet. |
| *Bench Time* | Die Anzahl der Tage pro Jahr, die ein Berater damit verbringt, darauf zu warten, auf ein Projekt zu kommen. In der Zwischenzeit bearbeiten Berater dann interne Aufgaben oder genießen es ganz einfach, nicht jede Woche im Hotel schlafen zu müssen. |
| *Benefit* | Ein positiver Punkt, der im Rahmen eines Feedbackgesprächs genannt wird oder ein Mehrwert, der für den Kunden entstanden ist. Der Job eines Unternehmensberaters wirft zudem ganz eigene Vorteile für die Berater ab, diese werden »Fringe Benefits« genannt und bestehen in vielfältiger Form: Handy, Laptop, Mitarbeiterprämien, Übernahmen der Gebühren für Managementschulen, Fahrzeug-Leasing, Sabbatical, etc. |

**Beraterbank** ···· Die imaginäre Bank, auf der Berater sitzen, während sie darauf warten, auf ein neues Projekt zu kommen.

**Beraterring** ···· Was sich nach einem brancheneigenen Swingerklub anhört, ist in Wirklichkeit der Speckring, der sich durch den Mangel an Bewegung und den ungesunden Lifestyle irgendwann bei jedem Consultant bemerkbar macht.

**Best Practice** ···· Eine besonders gute Leistung, die in der Vergangenheit von einem Konkurrenzunternehmen, einer Einzelperson oder einem Team erbracht wurde, und an der man sich noch heute orientiert.

**Big Picture** ···· Das große Ganze oder der Gesamtzusammenhang des Geschehens, den man schnell verliert, wenn man in den Details versunken ist.

**Blame Game** ···· Die Schuldsuche bei allen anderen außer bei sich selbst.

**Bonus** ···· Zusätzliches Gehalt am Ende eines Jahres, das sich am Festgehalt und an der Leistung eines Consultants bemisst. Wichtiger, eventuell gar wichtigster, Motivator für die Extrameile, die ein Unternehmensberater geht.

**Bore-out** ···· Die Gefahr, an einem Bore-out zu erkranken, ist für Unternehmensberater äußerst gering (eher noch erleiden sie einen Burn-out). Es ist jedoch möglich, sich beinahe zu Tode zu langweilen, wenn man repetitiven Aufgaben nachgehen muss, wie: Brownpaper anmalen oder Workshops vorbereiten, und zwar immer und immer wieder über den Zeitraum mehrerer Monate hinweg.

| | |
|---|---|
| *Brainstorming* | Beliebte Methode unter Beratern zur schnellen Ideengenerierung. Die einzige Regel hierbei ist: Alle Ideen sind wertvolle Ideen. Die Ergebnisse werden am Flipchart oder auf Post-its festgehalten. |
| *Brainteaser* | Eine Rätselfrage und Denksportaufgabe, die in Bewerbungsgesprächen eingesetzt wird. Meist gibt es zu der Frage jedoch nicht nur eine richtige Antwort, stattdessen soll sie zum Nachdenken und strukturierten Vorgehen anregen. Ein Klassiker unter den Brainteasern ist die Frage danach, wie viele Smarties in einen Smart passen. |
| *Briefing* | Ein Vorgespräch vor einem wichtigen Meeting, bei dem alle relevanten Fakten ausgetauscht werden. |
| *Brownpaper* | Braunes Packpapier, neben PowerPoint und Excel das beliebteste Arbeitsmaterial von Beratern. Auf der Endlosrolle, die mit Klebeband oder Sprühkleber an der Bürowand befestigt wird, kann sich ein Berater austoben, seine PowerPoint Folien aufkleben und damit »herumspielen«, bis die Storyline und der Inhalt passt. |
| *Business Case* | Eine Methode, um ein bestimmtes Geschäftsszenario hinsichtlich dessen Rentabilität im Falle einer Investition zu untersuchen. Anhand des Business Case können die Vor- und Nachteile und die finanziellen Auswirkungen der Investition dargestellt und diskutiert werden. Wird als Königsdisziplin unter Beratern betrachtet, da ein Business Case sehr komplex und schwierig zu entwerfen sein kann. |

| | |
|---|---|
| *Calls* | Einfach gesagt sind dies die Anrufe, die Berater in ihrem Businessalltag tätigen. Allerdings gehört eine gewisse Raffinesse dazu, Calls gescheit zu leiten, denn die nonverbale Überzeugungseben fällt weg und oft nehmen an Team-Calls viele Personen teil, die nicht immer wissen, wie man sich auf »mute« stellt. So kann es zu einer unterhaltsamen Nebenbeschäftigung für alle Teilnehmer des Calls werden, den Hintergrundgeräuschen zuzuhören und den Störenfried auszumachen. |
| *Case Study* | Eine Fallstudie ist ein gängiges Element in den Auswahlverfahren für Consulting-Jobs. Dabei werden die Bewerber vor ein komplexes Problem gestellt und dazu aufgefordert, dieses unter Zeitdruck zu lösen und das Ergebnis zu präsentieren. |
| *Cash Cow* | Ein Typ, der laut dem Matrix-Modell der Portfolioanalyse nach der Boston Consulting Group (BCG) über einen hohen Marktanteil, aber nur über ein geringes Marktwachstum verfügt. Investitionen in ein Produkt oder einen Mitarbeiter dieses Typs werden nicht als sinnvoll erachtet. Unternehmensberater sind, zu Beginn ihrer Karriere, alle Cash Cows, bis der ROI erfüllt ist und sie zu einem High Performer (laut Matrix: »Star«) aufgestiegen sind. |
| *CEO* | Der/die GeschäftsführerIn eines Unternehmens. |
| *Challenge* | Die euphemistische Umschreibung eines Problems als eine »Herausforderung«. |
| *Change Conultant* | Ein Berater aus dem Bereich Veränderungsmanagement (Change Management). |

| | |
|---|---|
| *Chargeability* | Die Auslastungsrate eines Beraters; sie ist abhängig davon, wie viele Tage pro Jahr dieser auf einem Kundenprojekt tätig war. Je nach Beratungsunternehmen können Krankheit, Trainingstage oder »Bench-Time« die Auslastungsrate und somit auch die Chance auf einen Jahresendbonus reduzieren. |
| *Client-ready* | Hundertprozentige Fehlerfreiheit eines Dokuments, das im nächsten Schritt an den Kunden weitergeleitet wird. |
| *COB/COP* | Kurzform für die Deadline-Ankündigung »Close of Business/Play«. COB wird eher von Kunden verwendet, wohingegen COP von Beratern benutzt wird (da es offen lässt, wann tatsächlich »Feierabend« und somit die Deadline ist). |
| *Comfort Zone* | Die Komfortzone ist ein Bereich in dem sich jemand wohl fühlt und ein gewisses Ziel ohne Anstrengung erreicht. Sie ist etwas sehr Individuelles und kann durch einen regelmäßigen »Stretch« erweitert werden. Die Erwartung an jeden Berater ist, dass er seine Komfortzone regelmäßig verlässt, über seine eigenen Grenzen hinausgeht und so die ihm prophezeite »steile Lernkurve« beschreitet. |
| *committed* | Zustand, in dem man sich auf etwas oder jemanden mit Begeisterung festgelegt hat. Dieser findet sich bei Beratern im beruflichen Bereich sehr häufig, im privaten dafür umso seltener. |
| *Community* | Der beratungsinterne Bereich (auch Practice genannt), dem sich ein Berater auf seinem Skill Set basierend zugehörig fühlt. Innerhalb der Community gibt es regelmäßige Calls, |

Team-Events, etc., an denen jeder teilnehmen und auch inhaltlich beitragen sollte.

*Concern* ································ Eine Sorge, die den Umfang, die Inhalte oder die Ergebnisse der eigenen Arbeit betreffen. Hierzu gehört der von Unternehmensberatungen geprägte Grundsatz, jederzeit konstruktive Kritik zu äußern – ohne Rücksicht auf Hierarchien und Interessen (»Obligation to Dissent«).

*Consultants* ···························· Synonym für »Unternehmensberater«.

*Credentials* ···························· Referenzen, die Consultants anführen, um ihre Expertise und Erfahrungen vor den Kunden zu untermauern.

*Cut-throat Business* ············· Ein hartes Geschäft, bei dem nicht auf menschliche Befindlichkeiten geachtet wird, sondern einzig auf den Profit.

*Deadline* ······························· Der Termin, zu dem die Deliverables spätestens abgegeben werden müssen.

*Delay* ·································· Eine Verzögerung, die unter Beratern äußerst ungern gesehen bzw. zugegeben wird.

*Deliverables* ························· Das Zwischen- oder Endergebnis, das ein Consultant dem Kunden im Laufe des Projekts oder zum Abschluss überreicht.

*Development Area* ··············· Euphemisierende Umschreibung einer Schwäche einer Person als »Entwicklungsbereich«.

*Due Diligence* ···················· Eine Due-Diligence-Prüfung ist eine Risikoprüfung, die eine Unternehmensberatung für ein Käuferunternehmen mit hoher Sorgfalt durchführt. Sie wird üblicherweise vor dem Kauf von Unternehmensbeteiligungen oder

Immobilien sowie bei einem Börsengang vorgenommen.

*Eckbüro* ·································· Das heiß begehrte »Eckbüro« oder »Corner Office«, nach dem jeder High Potential strebt und das nur jemand bekommt, der lange genug im Business ausharrt.

*embedden* ·································· Etwas eingliedern, integrieren oder einbetten (z.B. die Learnings in die Key Deliverables embedden).

*EOB/EOP* ·································· Kurzform für die Deadline-Ankündigung »End of Business/Play«. EOB wird eher von Kunden verwendet, wohingegen EOP von Beratern benutzt wird (da es offen lässt, wann tatsächlich »Feierabend« und somit die Deadline ist).

*Exit-Strategie* ·································· Individueller Plan dazu, wann und wie man aus der Beratung aussteigen wird. Manche Berater gehen den Weg des »Soft Exit« und reichen die Kündigung nach dem Urlaub ein.

*Extension* ·································· Die Verlängerung eines Vertrages, der zuvor mit dem Kunden verhandelt und abgestimmt wurde. Wenn erfolgreich abgeschlossen, wird sogleich zum zweiten Teil von »Work hard, party hard« übergegangen.

*Extrameile* ·································· Die letzten Meter, die die Low Performer von den High Performern trennen, da letztere über ihre eigenen Grenzen hinausgehen und mehr tun, als von ihnen erwartet wird. Die genaue Länge der Extrameile ist unbekannt.

*Face-Time* ·································· Das abendliche Ausharren vor Ort beim Kunden, um der Anwesenheit willen und um der Letzte unter den Kollegen zu sein, der nach Hause geht.

*FAQ* — Frequently Asked Questions, also häufig gestellte Fragen, die wir Berater gerne und auch ungefragt beantworten.

*Fuck-You-Money* — Ein bestimmter Betrag an Angespartem, den man erreichen muss, bevor man sich aus der Beratung zurückziehen und zur Ruhe setzen kann.

*Gap* — Eine Lücke, die zwischen dem Ist- und dem Soll-Zustand besteht (As-Is und To-Be) und im Rahmen einer Gap-Analyse identifiziert wird.

*Hidden Agenda* — Der eigentliche Grund, aus dem Kunden oder Kollegen etwas tun. Die Annahme ist, dass jeder eine »Hidden Agenda«, also ein verstecktes Motiv, hat und das eigene Handeln bewusst danach ausrichtet. Gründe für die Geheimhaltung können vielfältig sein, z.B. um die negativen Konsequenzen des eigenen Handelns zu verschleiern oder um sich einen strategischen Vorsprung zu verschaffen.

*High Performer* — Ein High Performer zeichnet sich durch seine außergewöhnlich starke Leistung und sein hohes Potenzial aus. Im Grunde meinen alle Berater, sie seien High Performer.

*Impact* — Die Auswirkung oder der Effekt, den eine Veränderung auf bestehende Prozesse oder Stakeholder hat.

*Insecure Over-Achiever* — Unsicherer Über-Erreicher: Allgemeiner Persönlichkeitstyp eines Beraters, der sich durch Intelligenz, Ehrgeiz und Unsicherheit auszeichnet. Insbesondere die Unsicherheit treibt Berater zu Höchstleistungen an.

| | |
|---|---|
| *Insights* | Einblicke und Erkenntnisse, die für den Kunden beschafft oder mit ihm geteilt werden. |
| *Key Stakeholder* | Die involvierten und besonders relevanten Personen im Kundenunternehmen. Details zu diesen Personen werden im sogenannten »Key Stakeholder Engagement Plan« festgehalten (z.B. Persönlichkeitsstil, Position, wer aus dem Berater-Team welchen Kunden betreut). |
| *Killer Slide* | Eine besonders eindrucksvolle Folie in Power-Point, die relevante Inhalte auf einen Blick näher bringt. |
| *Lead (In den Lead gehen)* | Die Leitung von etwas übernehmen. |
| *Learning* | Ein Learning ist etwas Konkretes, das man aus einer Situation gelernt hat. Ein Learning ist meist etwas Individuelles, das eine Person für sich identifiziert und das zu der »steilen Lernkurve« beiträgt. |
| *Lessons Learnt* | Ein Verständnis oder Wissenszuwachs, der infolge von vorangegangenen Projekten und in Verbindung mit positiven oder negativen Erfahrungen entsteht. Berater greifen bei jedem Projekt auf ihre bisher gemachten Erfahrungen und die gesammelten Lessons Learnt zurück und steigern so ihren Mehrwert für den Kunden. |
| *leveragen* | Die Tätigkeit, etwas erneut zu verwenden, das bereits zuvor gut bei einem Kunden ankam. |
| *Low Brainer* | Eine als naheliegend oder simpel wahrgenommene Erklärung oder Idee, die für Berater nicht challenging genug ist. |

| | |
|---|---|
| *Low Hanging Fruit* | Wenn Berater von niedrig hängenden Früchten sprechen, beziehen sie sich auf leicht zu lösende Probleme oder zu erreichende Ziele. Es kann auch eine Person gemeint sein, die keine besondere Leistung erbringt. |
| *Low Profile* | Eine Rolle oder Aufgabe auf einem Projekt, die keine besondere Aufmerksamkeit erhält und demnach eine geringere Bedeutung für die Karriere eines Consultants hat. |
| *maintainen* | Etwas langfristig aufrechterhalten. |
| *Me Day* | Ein Abend, an dem man »schon« um 18:00 Uhr Feierabend machen darf. |
| *Meritocracy* | Eine Gesellschaftsform, in der es allein um die individuell erbrachte Leistung geht und in der Privilegien leistungsbasiert zugeteilt werden. |
| *Mid-/End-Year Review* | Mitarbeitergespräche zur Jahresmitte und zum Jahresende. |
| *Milestones* | Meilensteine, die über den Verlauf eines Projektplans hinweg definiert und eingehalten werden. |
| *muten* | Die Einstellungen in einem Call so verändern, dass man auf stumm gestellt ist, der Kunde einen nicht hören und man somit ungestört beratungsinterne Sichtweisen austauschen kann. |
| *NDA* | Das Non-Disclosure-Agreement, also die Erklärung zur Geheimhaltungspflicht, die zu Beginn eines Projektes mit dem Kunden getroffen wird und mit der die Berater zusichern, dass sie keine geheimen Informationen an Dritte weitergeben werden. |

| | |
|---|---|
| *New Joiner* | Bezeichnung für einen Neueinsteiger in der Beratung. |
| *Next Steps* | Die konkreten nächsten Schritte auf dem Weg zum Ziel. |
| *Onboarding* | Das An-Bord-Nehmen eines neuen Team-Mitglieds auf einem Kundenprojekt und die Einführung dieses Mitglieds in die Arbeitsprozesse und den Projekthintergrund. |
| *Open Door Policy* | Eine Grundprinzip in der Beratung, nach dem die Türen im Büro nur dann geschlossen werden, wenn sehr wichtige Besprechungen oder Meetings mit dem Kunden stattfinden. Ansonsten ist jeder jederzeit ansprechbar. |
| *Opportunity* | Eine Möglichkeit, die einem gegeben wird und die besonders positive Ziele in Ausblick stellt. |
| *Opt-out* | Vertragliche Klausel, die den Arbeitnehmer von der Pflicht befreit, die gesetzlich geregelte 40-Stunden-Arbeitswoche einzuhalten. |
| *Outcomes* | Die Ergebnisse der eigenen Arbeit (quantitativ sowie qualitativ). |
| *Pareto-Prinzip* | Das Pareto-Prinzip oder auch die 80:20-Regel beschreibt, wie man mit weniger Aufwand zu mehr Erfolg kommt. Benannt nach dem italienischen Wirtschaftswissenschaftler Vilfredo Pareto, besagt sie, dass 80 Prozent des Geschehens durch 20 Prozent der Entscheidungen getrieben wird bzw. auf 20 Prozent der Akteure fällt. |
| *Pipeline* | Eine bildliche Leitung, über die neue Projekte oder neue Ressourcen eintreffen. |

| | |
|---|---|
| *Pitch* | Die Präsentation der eigenen Projektideen (Proposal) beim Kunden im Rahmen einer Projektausschreibung. |
| *PMO* | Die Abteilung im Unternehmen oder Projekt (= Project Management Office), die alle wiederkehrenden Prozesse standardisiert und koordiniert, sowie die Berichterstattung an die Führung innehat. Unter Beratern die am niedrigsten bewertete Rolle auf Projekten, da sie besonders stressig und mit wenig Anerkennung verbunden ist. |
| *Postpone* | Das Verschieben einer Deadline. |
| *Power-Play* | Ein Machtkampf zwischen zwei oder mehr Personen/Parteien, der meist verdeckt ausgetragen wird. |
| *Progress* | Der Fortschritt, der in einem Projekt gemacht und dem Kunden regelmäßig berichtet wird, um den eigenen Mehrwert klar herauszustellen. |
| *Promotion* | Begriff für die beratungsinterne Beförderung (meist nach 1,5 – 3 Jahren, je nach Level). Um befördert zu werden, muss ein Consultant in seiner Firma einen »Promotion Case« einreichen und diesen vor den Entscheidungsträgern vorstellen und verteidigen. |
| *proposaln* | Die unliebsame, da sehr zeitintensive, Beratertätigkeit des Proposal Verfassens für den Kunden. Teil des Verkaufsprozesses und somit wichtiger Schritt vor Projektbeginn. |
| *Q&A* | Questions & Answers Teil zum Schluss eines Vortrags oder einer Präsentation, bei dem die Zuhörerschaft Fragen stellen kann. |

*Quick Win* ............................ Ein schnell und einfach zu erreichender Gewinn für den Kunden.

*Radio Silence* ....................... Eine Funkstille, für die sich ein Berater entschuldigt, wenn er aus dem Urlaub zurückkommt und die vielen E-Mails in seinem Posteingang beantwortet.

*RAG* .................................... Red/Amber/Green – Farbliche Codierung gemäß der Ampelfarben, die zur Beschreibung des Status eines Projekts verwendet wird.

*redundant* ............................ Etwas, das überflüssig ist, da es wiederholt auftritt.

*Reporting* ............................ Die regelmäßige Berichterstattung an den Kunden, um ein Update über den Projektstatus zu erteilen.

*Responsive* ........................... Wird von einem Consultant erwartet: schnell auf E-Mails des Kunden zu antworten und auf seine Anfragen einzugehen.

*Ressourcen* ........................... Die zur Verfügung stehenden Ressourcen auf einem Projekt. Meist sind hiermit die Berater selbst gemeint.

*ROI* ..................................... Der Return-on-Investment ist eine betriebswirtschaftliche Kennzahl, die beschreibt, wie effizient eine Investition hinsichtlich des Gewinns prozentual war.

*Sabbatical* ........................... Das Sabbatical oder das Sabbatjahr ist ein längerer Sonderurlaub. Für Berater ein guter Weg, um den »Soft Exit« einzuleiten und sich so langsam aus der Firma zu verabschieden.

*Scope* .................................. Der Umfang eines Projekts oder eines Unterfangens. Wichtiger Verhandlungspunkt mit dem Kunden zu Beginn eines Auftrags, da der Scope die Arbeitsprozesse und -ressourcen bestimmt. Wird der Scope nicht eindeutig vereinbart oder dokumentiert, kommt es schnell zum »Scope Creep«, bei dem einer Partei im unkontrollierten Maße zunehmend mehr Verantwortung übertragen wird.

*scribblen* ········· Etwas kritzeln oder schnell zusammenstellen, meist in Bezug auf PowerPoint-Folien verwendet.

*Shortlist* ········· Eine kurze Liste, die die final in Frage kommenden Kandidaten oder Beratungshäuser beinhaltet (z.B. im Rahmen einer Ausschreibung für ein neues Projekt).

*skalierbar* ········· Die Fähigkeit eines Systems oder einer Idee zum Wachstum.

*Slides* ········· Die Folien in PowerPoint, die wir Consultants von morgens bis abends bis zur Perfektion ›schrubben‹ (oder doch bloß schnell ›kritzeln‹).

*staffen* ········· Der Vorgang, bei dem ein Projektteam mit passenden Berater-Ressourcen besetzt wird.

*Steile Lernkurve* ········· Die Standardantwort eines Consultants auf die Frage nach dem Grund für die Berufswahl. Außerdem eine beliebte Rechtfertigung dafür, die Extrameile zu gehen und viele Überstunden zu arbeiten.

*Stretch* ········· Das Maß, in dem sich ein Berater auf einem Projekt anstrengen muss, um eine gute Performance zu zeigen. Ein komplexes Projekt auf dem der Stretch hoch ist, ermöglicht es einem Berater eher, hinterher eine gute Bewertung zu erhalten und infolgedessen zügiger befördert zu werden.

*Sugar-coaten* — Die wahre Meinung beschönigen und dem Gegenüber (meist dem Kunden) die »harten Fakten« gezuckert servieren.

*Sweetheart* — Das Statussymbol »Partner«, das unter Consultants sehr begehrt ist, da schwer zu maintainen.

*Sweet-talken* — Jemanden mit Schmeicheleien dazu bringen, etwas für sich zu tun.

*SWOT-Analyse* — Bei der SWOT-Analyse werden im Rahmen einer Geschäfts- oder Produktentwicklung die Strengths (Stärken), Weaknesses (Schwächen), Opportunities (Chancen) und Threats (Bedrohungen) einer neuen Idee oder Strategie bestimmt.

*taggen* — Der beratungsinterne Vorgang des Markierens und Reservierens einer Berater-Ressource für ein neues Kundenprojekt.

*tangibel* — Beliebtes Eigenschaftswort für Ergebnisse, die einen sichtbaren und greifbaren Mehrwert schaffen.

*Target Audience* — Die Zielgruppe bzw. das Zielpublikum eines Produkts oder einer Präsentation.

*TLA* — Three Letter Acronym, also eine Abkürzungen mit drei Buchstaben, die wir Berater gerne verwenden, um clever zu klingen.

*T-Map* — Eine beliebte Darstellungsform für die erforderlichen Schritte bis zur Zielerreichung. Das besondere an einer Transformation Map ist, dass man die parallel verlaufenden Prozessschritte als solche in einer einzigen Darstellung aufzeigen kann.

tracken ......................................... Das Nachverfolgen der Entwicklung und des Erfolgs eines Meilensteins (meist im Microsoft Excel Projektplan).

Traktion ......................................... Beliebter Begriff, um zu beschreiben, dass man es geschafft hat, »einen Fuß in die Tür« zu bekommen oder etwas »zum Rollen gebracht zu haben«. Häufig lautet die Antwort unter Beratern darauf: »Keep the momentum!«

Understood! ......................................... Lässige Aussage, um zu verdeutlichen, dass man ein »Smart Cookie« ist und schon längst verstanden hat, was das Gegenüber versucht auszudrücken.

Value Add ......................................... Der Mehrwert, den wir Consultants durch unsere Arbeit (nicht immer) schaffen.

Visibility ......................................... Die Sichtbarkeit und Präsenz eines Consultants vor dem Kunden. Häufigster (kritischer) Feedbackpunkt für New Joiner.

War Stories ......................................... Die aufgebauschten (Erfolgs-)Geschichten von vergangenen Projekten, die sich Berater untereinander erzählen.

Work hard, play hard ......................................... Lebensmotto der meisten Berater, das besagt, dass sie hart arbeiten und zum Ausgleich keine Hotelbar auslassen.

# Interview mit mir selbst

Wir Berater sind bekannt für unsere zwei Gesichter, doch was verbirgt sich hinter dem Pokerface, das wir beim Kunden aufsetzen? Zum Schluss lasse ich noch mal alle Hüllen fallen: Ein Interview mit mir selbst, Mind-striptease sozusagen.

**Berater-Über-Ich:** Hi Charlie. *(hebt beide Augenbrauen)*

**Charlie-Es:** Hi selber. *(zieht beide Augenbrauen wieder zusammen und legt die Stirn in Falten)*

**Berater-Über-Ich:** Wie geht es dir?

**Charlie-Es:** Ich denke, das weißt du ziemlich genau. Wieso fragst du?

**Berater-Über-Ich:** Das nennt man Small Talk, schon davon gehört?

**Charlie-Es:** *(verdreht genervt die Augen)*

**Berater-Über-Ich:** Außerdem dürfte es die Leser interessieren, wie es dir geht. Besonders jetzt, da du dein Buch fertig geschrieben hast …

**Charlie-Es:** Du meinst wohl, wie es »uns« geht. Wir sind ja immer noch ein und dieselbe Person! Oder nicht?!

**Berater-Über-Ich:** Okay. Dann eben »uns«. Wie geht es uns jetzt?

**Charlie-Es:** Also ich fühle mich … wir fühlen uns … *(schließt die Augen und horcht in sich hinein)*

**Berater-Über-Ich:** Ach, immer diese Gefühlsduselei! Ich beginne Sätze viel lieber mit »Ich denke«, das macht sich auch besser im Beratungsbusiness. »Ich fühle« hättest du sagen können, wären wir Therapeutin geworden!

**Charlie-Es:** *(öffnet wieder die Augen)* Also bitte schön, dann beantworte du doch einfach die Frage!

**Berater-Über-Ich:** No problem. Ich denke, overall geht es uns ganz gut und ich bin stolz darauf, das Buch in meinen Händen halten zu können.

**Charlie-Es:** In dem Punkt sind wir uns ausnahmsweise mal einig. Ich bin mir außerdem sicher: Das Buch wird durch die Decke gehen. Die Unternehmensberatungen werden uns Drohbriefe schicken und die Leser werden uns lieben. Besonders die Berliner Hipster, die bei der Antifa und so …

**Berater-Über-Ich:** Seit wann sind Hipster bitte bei der Antifa!? … Außerdem glaube ich eher, dass unsere Leser selbst aus dem Consulting Business kommen. Und bestimmt finden es nicht alle von ihnen gut finden, dass du ihre geliebte Branche denunzierst.

**Charlie-Es:** Der clevere Leser wird den Sarkasmus verstehen! »Denunziation« finde ich außerdem etwas hart ausgedrückt.

**Berater-Über-Ich:** Es bleibt zu hoffen. Manchmal hast du dich ja schon ganz schön weit aus dem Fenster gelehnt. Ich denke da nur an Stories wie *X-Fucktor* oder *Ich, die Cash Cow*!

**Charlie-Es:** Wieso bin ich denn jetzt auf einmal wieder an allem schuld? Und überhaupt: Was ist mit dem »uns«?!

**Berater-Über-Ich:** Uns, uns, uns. Okay, okay. Trotzdem wird es einen Shitstorm geben! Und zum Glück haben wir, vorausschauend wie wir sind, darauf geachtet, dass sich ja niemand wiedererkennt.

**Charlie-Es:** Wieso, McKinsey kann den Imageschaden bestimmt verkraften!

**Berater-Über-Ich:** Wieso denn jetzt gerade die Mackies? Könnten doch genau so gut Oliver Wyman oder Roland Berger sein, über die wir hier schreiben!

**Charlie-Es:** Oder EY, Deloitte und PwC!

**Berater-Über-Ich:** Eben.

**Charlie-Es:** Ich habe das ja auch gerade nur gesagt, um Verwirrung zu stiften und Spekulationen anzuheizen.

**Berater-Über-Ich:** Super Selbst-Marketing-Skills *(verzerrt das Gesicht zu einem Trump'schen Ironie-Grinsen).* Erzähl lieber noch einmal, wie wir auf die Idee mit dem Buch kamen und woher wir die Inspiration nahmen …!

**Charlie-Es:** Na ja, aus Frustration erwächst eben manchmal Humor.

**Berater-Über-Ich:** Das klingt jetzt aber verbittert!

**Charlie-Es:** Sind wir das nicht? Eine verbitterte junge Unternehmensberaterin, die der Meritokratie und dem Kapitalismus zum Opfer gefallen ist.

**Berater-Über-Ich:** Na ja, wenn du das so sehen möchtest. Ich nehme uns eher als erfolgreiche Karrieristin mit einem gesunden Sinn für Selbstreflexion und Selbstironie wahr.

**Charlie-Es:** *(äfft die Worte des Berater-Über-Ichs zunächst tonlos nach)* Hört, hört!

**Berater-Über-Ich:** So. Und was geben wir unserem verwirrten Leser jetzt noch auf den Weg bezüglich einer Karriere in der Unternehmensberatung? Ja oder nein? Top oder Flop?

**Charlie-Es:** Natürlich Top! Wieso arbeitet man denn, doch um am Wochenende genügend Erzählstoff zu haben. Und den hat man als Beraterin allemal!

**Berater-Über-Ich:** Und was ist mit den ganzen Fringe Benefits wie Laptop, Handy, Car Allowance? Dem grandiosen Gehalt, der steilen Lernkurve, den pfiffigen BeraterkollegInnen, nicht zu vergessen den vielseitigen zukünftigen Karrierechancen? Zählt das alles denn gar nicht?

**Charlie-Es:** Und was ist mit dem hohem Workload, den unbezahlten Überstunden, dem hochpolitischen Kundenumfeld und dem Druck, immerzu zu den Besten zu gehören und aufsteigen zu müssen?

**Berater-Über-Ich:** Touché.

**Charlie-Es:** Wie, so einfach gibst du dich geschlagen? Wo ist dein Kampfgeist? Com'on … *(boxt sich selbst spielerisch in die Seite).* Zeig mir deinen Berater-Haken! *(hält beide Fäuste geballt vor die Stirn)*

**Berater-Über-Ich:** Ich habe bloß einen Beraterring im Angebot … *(zwinkert sich selbst im Spiegel zu und zwickt sich in den Bauch).* Wir sollten zum Schluss lieber noch etwas Versöhnliches sagen.

**Charlie-Es:** Hast ja recht, vielleicht sollten wir es abschließend einfach noch mal sagen.

**Berater-Über-Ich & Charlie-Es:** Alle Personen und Situationen sind frei erfunden und alle Ähnlichkeiten mit existierenden BeraterInnen und Firmen nur Zufall. Aber eines könnt ihr uns glauben: Wir Berater reden wirklich so.

**Berater-Über-Ich:** Sind wir agreed, oder?

**Charlie-Es:** Agreed.

## Beautiful Beraterleben

Beautiful Flugangsttherapie,
Beautiful Hotelmonotonie,
Beautiful Laptopschleppen,
Beautiful Dienstleisterdeppen,
Beautiful Kundendruck,
Beautiful Beförderungsfuck,
Beautiful Extrameilensammeln,
Beautiful Kollegenrammeln,
Beautiful Götter in Grau,
Beautiful Lebenszeitklau,
I've never seen scissors that look this beautiful before.*

*Charlie Kant, 2017,*
**inspiriert durch Donald Trump, 2016*

# MILF-MÄDCHENRECHNUNG

WIE SICH FRAUEN HEUTE ZWISCHEN FUCKABILITY-ZWANG
UND KINDERSTRESS AUFREIBEN

**MILF-MÄDCHENRECHNUNG**
WIE SICH FRAUEN HEUTE ZWISCHEN FUCKABILITY-ZWANG
UND KINDERSTRESS AUFREIBEN
Von Katja Grach
256 Seiten, Klappenbroschur
ISBN 978-3-86265-697-4 | Preis 14,99 €

So schmeichelhaft die Bezeichnung MILF (Mother I'd like to fuck) für manch eine sein mag, die gerade erst Schwangerschaftshängebauch und Spuckflecken auf der Schulter überwunden hat, so bitter ist ihr Nachgeschmack.

Nicht erst seit gestern mischen Kirche, Politik und Wirtschaft ordentlich mit, wenn es um weibliche Selbstbestimmung über Sexualität und Mutterschaft geht. Heute passiert die Sache nur viel subtiler als zu Zeiten der Hexenverbrennung. Katja Grach hat sich mit der Entstehung des Begriffes »MILF« als kulturelles Gütezeichen auseinandergesetzt und zeigt auf, wo sich die Grenzen zwischen Pop- und Pornokultur immer stärker vermischen.

Die Autorin will endlich mit den alten Klischees und Vorurteilen aufräumen und geht der Frage nach, wo für Frauen heute gesellschaftlicher Zwang beginnt und persönliche Freiheit endet.

WWW.SCHWARZKOPF-SCHWARZKOPF.DE

# IMMER DIESE BEAMTEN

### 111 GRÜNDE, WARUM DIE STAATSDIENER
### UNS IN DEN WAHNSINN TREIBEN

**IMMER DIESE BEAMTEN**
111 GRÜNDE, WARUM DIE STAATSDIENER
UNS IN DEN WAHNSINN TREIBEN
Von Till Burgwächter
288 Seiten, Taschenbuch
ISBN 978-3-942665-44-5 | Preis 9,99 €

*Wo Formulare als Gottheit angepriesen werden, wo Gesetzestexte den gesunden Menschenverstand ersetzen, dort spielt dieses Buch. Wo die Bittsteller nur nach außen hin »Kunden« genannt werden und eine Wartemarke ziehen müssen, wo es auf den Fluren nach dünnem Kaffee und Reinigungsmitteln duftet, wo Mittzwanziger in Pullundern nicht ausgelacht werden, dort ist er zu Hause. Der Berufsbeamte in all seiner Pracht, mit seinem Archiv voller Akten, mit seiner Unkündbarkeit, seiner Amtsverschwiegenheit und seiner ständigen Dienstbereitschaft, seiner vom Bürolicht gräulich verfärbten Hautfarbe und seiner Urkunde für 25 Jahre treue Dienste an der Wand – ihm soll dieses Buch gewidmet sein.*

*Auf dass sich die Menschheit auch in 100 Jahren noch über diese besondere Berufsgruppe echauffieren kann.*

WWW.SCHWARZKOPF-SCHWARZKOPF.DE

Charlie Kant
WIE LANG IST DIE EXTRAMEILE?
*Eine Unternehmensberaterin misst nach*
*Mit Illustrationen von Jana Moskito*

ISBN 978-3-86265-698-1
© Schwarzkopf & Schwarzkopf Verlag GmbH, Berlin 2018
Vermittlung: Literaturagentur Brinkmann, München. Alle Rechte vorbehalten. Dieses Werk ist urheberrechtlich geschützt. Jede Verwendung, die über den Rahmen des Zitatrechtes bei korrekter und vollständiger Quellenangabe hinausgeht, ist honorarpflichtig und bedarf der schriftlichen Genehmigung des Verlages.

Die Texte »Aus dem Leben einer Lebenslaufhure« & »X-Fucktor« sind zuerst erschienen auf www.vice.com/de (07.04.2016). | »Aus dem Leben einer Lebenslaufhure«, »Perspektivwechsel«, »Belohnungsaufschub», »Houston, wir haben eine Challenge«, »Beraternomaden«, »Skirutschen in Kitzbühel« zuerst erschienen in *Das Magazin* (27.04.2016). | »Bore-out« zuerst erschienen auf www.business-punk.com (21.09.2016). | Titelfoto und Autorenfoto: © privat

VERLAG
Schwarzkopf & Schwarzkopf Verlag GmbH
Kastanienallee 32, 10435 Berlin
Telefon: 030 – 44 33 63 00
Fax: 030 – 44 33 63 044

INTERNET | E-MAIL
www.schwarzkopf-schwarzkopf.de
www.facebook.com/schwarzkopfverlag
info@schwarzkopf-schwarzkopf.de